從基礎格局、材質設備選配，
到進階依據料理方式解析全方位廚房設計

廚房規劃
終極聖經

MY KITCHEN BIBLE

漂亮家居編輯部　著

CHAPTER 1.

廚房設計
最容易發生的 10 大 NG 行為

有越來越多人喜歡做料理、玩烘焙，廚房空間大翻身成為最受重視的區域，不過也因為廚房裡包含鍋碗瓢盆、設備動線，一旦設計不合理，做菜就變成一件雜亂無序、令人頭疼的事。規劃廚房之前，就先來了解廚房裝修設計最容易犯的陷阱，讓料理過程更加事半功倍，輕鬆端出美食！

NG1

洗碗、炒菜老是腰痠背痛

明明是新規劃的廚具，
每次下廚就覺得好累，
是哪個環節出錯？

唉，洗個碗腰彎得快直不起來了
炒完菜手臂好痠喔！

烹調區檯面可略微下降5公分

一般廚具的標準高度大約在80～90公分，不過還是要依據使用者身高做調整。為符合備料、炒菜的最佳人體工學，在廚具高度部分，水槽、備料區的檯面高度算法應為（身高÷2）＋10公分，瓦斯爐台的高度可降低一些，最適合的高度算法是（身高÷2）＋5公分，如此一來就不會吊手且腰痠背痛。

NG 2

料理區不夠大，切菜備料好難用

工作檯面太小了，放了砧板、食材幾乎就堆滿，切好的菜沒地方放置？！

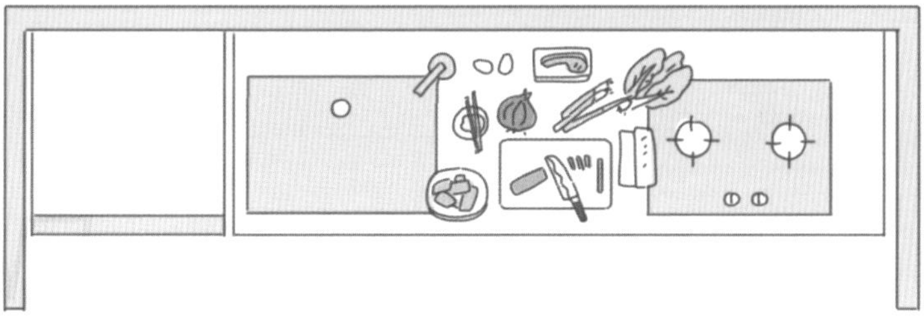

工作檯面以80～140公分為佳

一般料理動線依序為水槽、工作檯面和爐具，中間的檯面主要用來切菜備料使用，至少得放置砧板、食材、廚房用具等等，若條件許可，建議至少要抓80～140公分，有足夠的空間讓備料工作更得心應手，另外水槽另一側也可以預留40～60公分左右，讓洗好的碗盤餐具可以順手往旁邊放置。

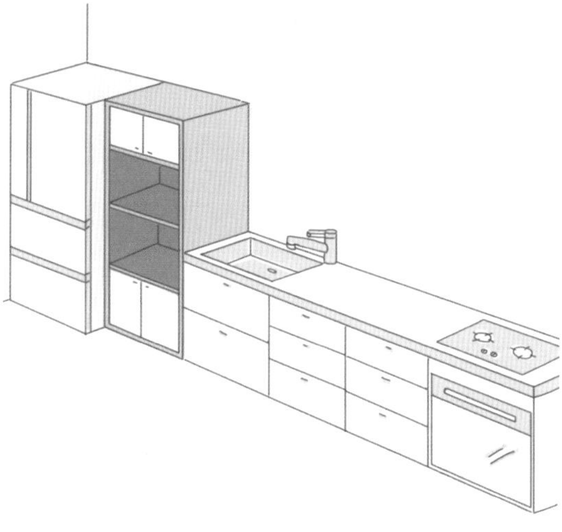

NG 3

重新裝潢換了排油煙機，還是油煙四溢

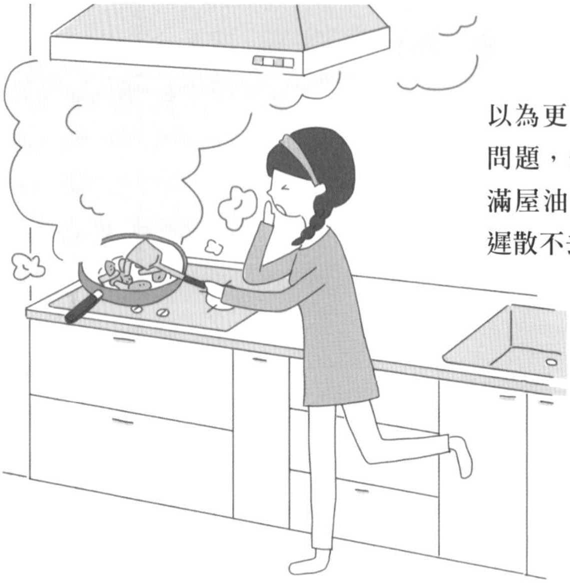

以為更新設備就沒問題，炒完菜還是滿屋油煙，味道遲遲散不去

加裝導煙機或拉門隔絕

排煙效果的好壞原因有很多，除了設備的品牌、機型之外，風管長度建議不要超過5m、且避免超過1個以上的彎折，否則恐怕造成排煙能力下降。另外，也可以選擇在瓦斯爐周圍裝設導煙機裝置，幫助排油煙機排出室外，或是以玻璃拉門設計達到隔絕的效果。

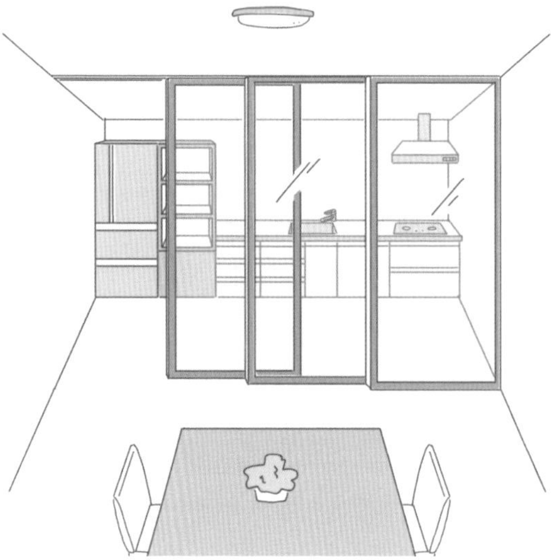

NG 4

廚房插座數量不夠、還常常跳電

想要烤吐司、打果汁才發現插座不夠用，如果同時用烤箱和微波爐還會跳電！

確定電器需求與使用習慣，規劃插座數量與高度

廚房插座的配置必須在水電工程階段一併完成，建議應先詳細列出電器需求表格，並依照習慣使用的位置規劃插座位置，例如習慣在中島或是流理檯使用果汁機，另外除了小型家電的插座配置，針對高功率的電器，如：電鍋、微波爐等，這些則是要使用獨立插座，避免發生跳電狀況。

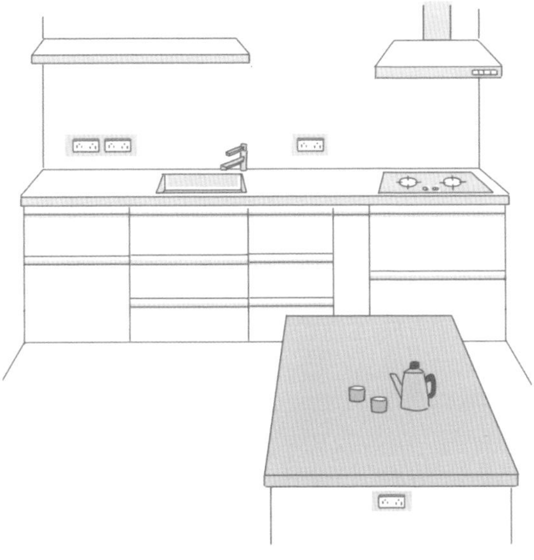

NG 5

做滿一排廚房吊櫃，結果根本是收納黑洞？！

本來以為吊櫃多很好用，後來發現堆放什麼很難看見，而且一點也不好拿。

局部搭配層板更好收納

傳統廚房大部分都是上、下櫃的組合形式，但其實東西一旦收進上櫃內，使用率就變低了！不妨用層板取代上櫃，鍋具、碗盤直接擺放出來，除了好拿取之外，也形成家中極具生活感的角落，而且省略上櫃的空間，視覺上也會更有延伸開闊的效果。

NG 6

水槽、流理台光線不足

廚房只裝了天花板嵌燈，但還是覺得好暗，摸黑切菜洗碗好吃力

廚櫃下方加裝燈具

廚房若是僅規劃天花板照明是不夠的，使用者在水槽、備料區的時候，反而會被身體遮擋住光線，因此建議可以在廚櫃下緣、靠近使用者的這一端，加裝LED燈、或是比較細的T5燈管，以及在水槽上方增加燈具，就能方便清洗食材、切菜。

NG 7

烤箱、微波爐家電沒地方收，放在料理檯面好亂

廚房空間不夠大，很多小家電只能往廚具檯面擺，堆積下來真是有夠雜亂！

電器櫃整合收納更整齊俐落

建議規劃一個專用電器櫃，將電器整合收納，現在比較常見的電器設備包括烤箱、蒸爐、炊飯器，配置順序應考量家電使用的順手性，例如炊飯器或是搭配抽拉盤放置電鍋，一般擺放在中間區域，盛飯才不會吊手或需要彎腰，同時也得預留電線，讓機能與美型兼具。

NG 8

廚房走道好窄，兩個人使用還得錯身而過

空間太小，廚房走道好擁擠，每次只要有人煮飯，家人要經過去後陽台還得喊「借過」！

廚房走道至少90～130公分為佳

廚房走道寬度建議至少要維持在90～130公分，才能維持兩人錯肩而過，如果是開放式餐廚的合併規劃，餐桌和廚具也建議留90～130公分，空間動線寬敞舒適，只要一個轉身也能直接將餐點放到餐桌上。

NG 9

冰箱放走道，來來回回拿食材真不方便

廚房放不下冰箱，每次煮飯拿菜都要進出好幾趟，感覺好沒效率！

冰箱位置近水槽為佳

按照使用步驟來看，冰箱拿取食材，放到水槽清洗後再料理，因此冰箱→水槽→瓦斯爐的動線較為恰當，如果廚房空間夠大，可掌握黃金三角的放置原則，讓冰箱到水槽、瓦斯爐的距離適中，使用上會更便利，如果是一字型廚房，除了靠近水槽之外，也要注意開門的方向，若是冰箱—水槽—瓦斯爐的順序，建議選擇向左開啟才順手。

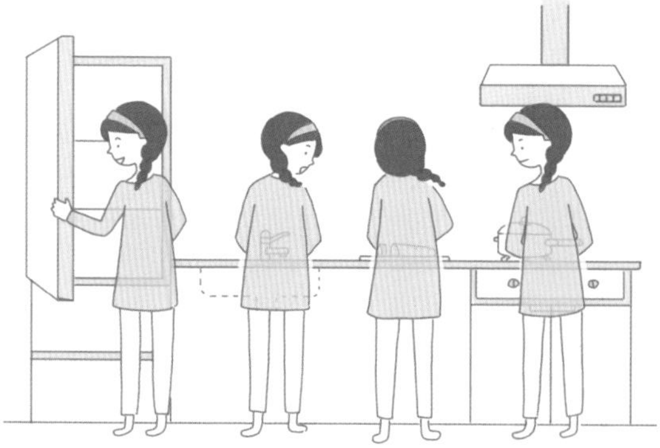

NG 10

廚櫃抽屜卡卡，好難推拉

剛做好的抽屜滑軌好不順，關起來居然有縫隙，還得手動調整？！

隱藏式鋁抽輕鬆開闔

抽屜滑軌包含隱藏式鋁抽、三節式滑軌，前者內部可分隔設計、油壓回歸裝置平順，使用上較無須花費太大力氣，但費用相對較高，三節式滑軌則是又區分有無緩衝，開闔會需要比較大的力氣，建議選購時可試開櫃子的順暢度，感受使用時的手感。

CHAPTER 2.

圖解廚房設計法則

廚房設計看似只是幾個廚櫃堆疊，實際上隱藏許多細節，從空間格局的大小應當對應什麼樣的廚具形式，以至每一種廚具形式的特色是什麼、動線該如何規劃，到檯面、櫃體、設備的挑選與使用者最關切的廚櫃收納設計，將給予最完整詳實的廚房設計知識。

POINT 1.

依據空間格局，決定廚房形式

格局的開放與否，除了影響廚具的配置，同時也能改變家人的生活習慣。封閉式廚房由於空間小，得注意一人或兩人進入時，是否都能順手好用不擁擠。而開放廚房多半會與餐桌合併或增設中島擴充，讓廚房不只是廚房，更可能與餐廳、書房空間重疊，完善彈性機能，角色更多元。

□考量重點 Check List

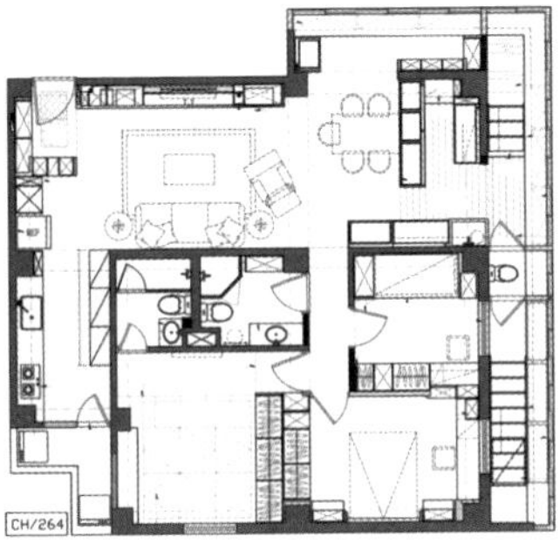

平面圖提供 / 摩登雅舍空間設計

獨立型格局：

1 獨立型廚房建議保留兩人可通過的通道，行動不阻礙。

2 小坪數適合配置一字型廚具，L 型或ㄇ字型廚房至少需 3 坪以上。

3 廚房的出菜動線需流暢，建議將餐廚安排在同一動線。

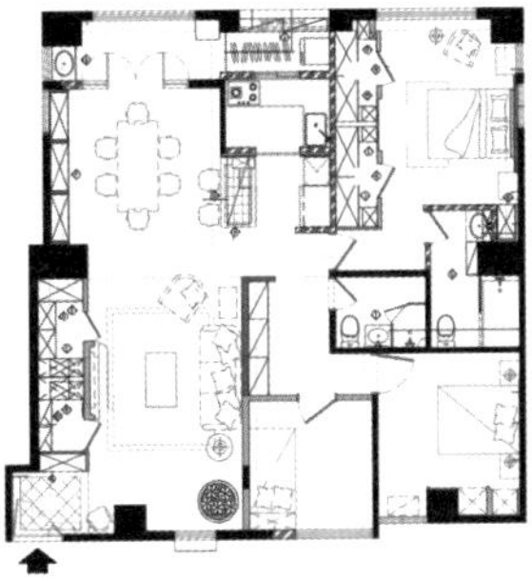

平面圖提供 / 摩登雅舍空間設計

合併型格局：

1 依照烹煮習慣決定中島是否需要增加抽油煙機。

2 微波爐、冰箱或咖啡機等使用頻率高，建議安排在中島區。

3 內外廚房的入口不做門片或改拉門，進出不受限。

平面圖提供 / 明代設計

開放型格局：

1 開放格局的電器櫃或冰箱可向外延伸擺放，有效解決擁擠困擾。

2 水槽改放中島，有效區分備料區與烹飪區，適用小空間。

3 廚具與餐桌距離至少留出 120 公分，料理與用餐不干擾。

獨立型格局

依坪數與格局形狀配置廚具

獨立型的封閉廚房有侷限性，必須在現有空間中安排廚具，對尺寸也須斤斤計較，才能發揮最大限度的適用性。若小於2坪，一字型或L型較省空間，若超過2坪，可規劃雙排或ㄇ字型。此外，動線是否流暢、走道是否寬鬆，也是獨立格局需要注意的重點

設計規劃要點

01 走道留出75公分，不擁擠狹小

獨立型廚房會因空間封閉，廚具配置以不佔空間為重點，建議保留兩人可通過的通道。通道寬度至少75公分，當轉身拿調味罐、拉開抽屜或櫃門才有餘裕空間。

02 窄長格局適合一字型或L型

一般來說，小於3坪的窄長型空間適合安排一字型與L型廚具。而L型廚具多了短邊的廚櫃，適合配置瓦斯爐，讓烹飪區與備料區各自獨立。

03 方形格局適合ㄇ字型或雙排型

若廚房格局偏正方，或有3坪以上且空間寬度有2.5公尺以上，不妨考慮安排ㄇ字型廚具，擴增料理區與轉角收納，適合鍋具、餐具較多的主婦。若物品不多，安排雙排型即可。

04 餐廚安排在同一動線

獨立廚房與餐廳是完全隔斷的，不妨考慮將餐廚安排在同一動線上，一出門口就正對餐廳，或是在面向餐廳的牆面設置出菜口，一個轉身就出菜是最省事的選擇。

05 電器櫃可視情況外移至餐廳

有些廚房空間較小，不妨將餐廳視為廚房的延伸，將電器櫃安排在餐廳，不僅解決收納問題，也縮短添飯端盤的用餐動線。

06 廚房隔間可依電器深度適時外推

窄長型的廚房空間若想放進冰箱，得考慮是否會佔用走道。一般來說，冰箱深度在75公分上下，流理台深度為60公分，冰箱會多凸出15公分。若空間有餘裕，隔間可適時外推，便於放入冰箱。

Type1 2坪以下的獨立空間

空間較小且長度不足，僅能配置流理台與爐具，缺少收納空間 。

Solution1 安排一字型最省空間

圖片提供：寓子設計

若空間寬度在135公分以下，適合安排配置一字型廚具，同時可將電器櫃放在餐廳，不佔用廚房空間。

Type2 2坪以上的獨立空間

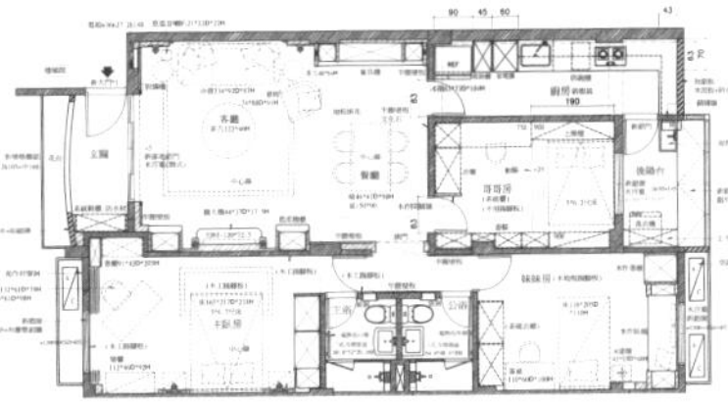

空間的寬度與長度足夠，建議依照格局形狀配置廚具。

Solution2 搭配L型或ㄇ字型

圖片提供：摩登雅舍室內設計

空間寬度在2.5公尺以下的窄長型適合L型廚具、若為偏正方形，則可配置ㄇ字型。

合併型格局

內外廚房拓展料理機能

合併型格局的概念為獨立廚房之外，再增設輕食區，像是烘焙或簡單的料理，有效區分不同的下廚需求，打造出內外廚房的形式，擴展廚房領域，機能更豐富。為了讓行動更為方便，不少廚房也去除隔間，改為拉門區隔。

設計規劃要點

01 增設外廚房輕食區

合併型格局多半會配置內外廚房，內廚房以大火熱炒區為主，外廚房則設置中島處理輕食料理，則可依照自身的烹煮習慣決定外廚房是否需要增加抽油煙機。若不想有管線橫亙天花，建議中島台面可配置升降型的抽油煙機。

02 內外廚房的連接動線需流暢

內廚房的入口建議正對外廚房，料理動線才能順暢不曲折，且入口不做門片或改為拉門為佳，方便兩手拿菜進出。若出入口會正對中島，建議中島與門口的距離需有100公分以上，進出才不易碰撞。

03 外廚房空間至少需有2坪

外廚房多半會配置中島與餐桌，一般來說中島的長度以200公分最為理想，寬度至少需有85公分、再加上搭配120公分長的四人餐桌，因此需要至少2坪的空間才足夠。

04 使用頻率高的電器移至外廚房，簡化動線

有別於獨立型廚房，合併型的廚房使用空間較大，因此動線相對拉長，建議常用的電器設備可安排在外廚房，像是微波爐、冰箱或咖啡機，不用走進內廚房也能直接取用。

05 以懸吊式拉門分隔為佳，避免軌道阻礙行走

有些合併式廚房不做隔間，改為拉門區隔，視覺通透又能阻隔油煙，但要注意的是，拉門建議改用懸吊式設計，地面不做軌道，端菜進出才更安全。

Type1

獨立隔間

獨立廚房空間小且較為擁擠。

Solution1

餐廳增設中島，擴增外廚房

圖片提供：明代設計

在餐廳擴增中島，增加輕食料理區，而獨立隔間的形式較容易阻礙行走，因此將中島安排在內廚房入口，串連流暢動線，同時擴大入口寬度至 100 公分，進出不受限。

Type2

彈性隔間

中島與內廚房之間僅有拉門區隔，空間運用較彈性。

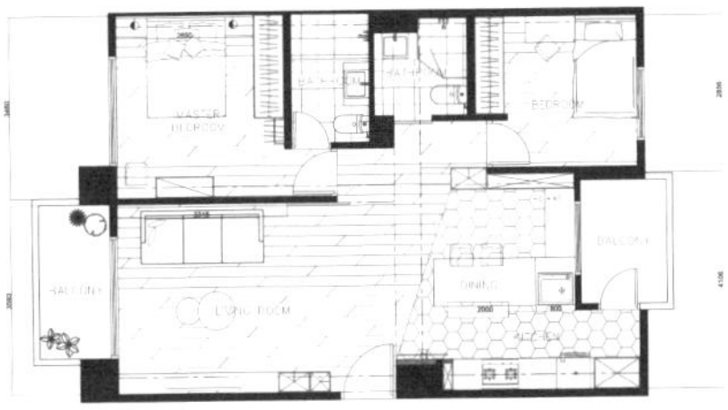

Solution2

適合3～4坪的小餐廚

圖片提供：寓子設計

無隔間限制，廚具與中島之間無需多預留走道，廚房空間相對擴大，適合用於 3～4 坪的小坪數空間。

開放型格局

小坪數適合雙排型島桌

開放廚房即為原有廚具加上中島或餐桌，無隔間的設計與家人共享料理過程是目前的趨勢。依照格局形狀與空間大小，廚具與中島的結合可分為T型島桌或一字型島桌。同時開放餐廚的電器櫃也不受限於廚房，可沿餐廳配置。

設計規劃要點

01 雙一字型廚具與島桌，適合小坪數

廚房空間若為2坪左右，多半設置一字型廚具，當一字型廚具沿廚房空間的長邊配置，可並列增設一字型島桌，形成雙排型設計，所佔據的空間較小，適合窄長的小坪數廚房。

02 配置T型島桌，至少需4坪

T型島桌的配置為廚具與中島、餐桌呈垂直，廚具多半配置在空間的短邊，導致料理平台較小，因此會增設中島擴大備料區域，餐桌則順勢與中島並列。通常這樣的配置所需空間較大，建議餐廚需4坪以上。

03 方正格局適合L型廚具與一字型島桌

若廚房空間大且偏正方或寬長格局時，不妨配置L型廚具，搭配一字型島桌，有效擴增收納、電器設備，同時可依使用習慣增加熱炒區、輕食區、烘焙區等，廚房用途更多元。不過建議空間寬度有3公尺以上，才能同時容納廚具與島桌。

04 中島與廚具區分烹飪用途

增設中島的用途可擴增備料面積，洗菜、切菜都不阻礙。因此建議可將水槽設於中島，流理檯面則配置瓦斯爐，區分備料區與烹飪機能，分區作業空間更開闊，即便坪數小，動線也流暢。

05 中島可收納電器，減少電器櫃佔用

開放格局下，廚房領域不受限，若空間較小，電器櫃或冰箱可順勢向餐廳延伸擺放，有效解決擁擠困擾。或是改在中島集中收納電器，減少櫃體佔用空間。

06 中島加寬至120公分，兼具餐桌使用

若空間坪數較小，僅能配置中島，不妨讓中島兼具餐桌功能。寬度至少須留120公分，一半作為備料區，另一半則留出60公分的用餐區域。而長度建議要200公分才適用，足以擺放水槽與桌面共用。

Type1

橫長型格局

空間窄長，廚具需沿空間長邊設置。

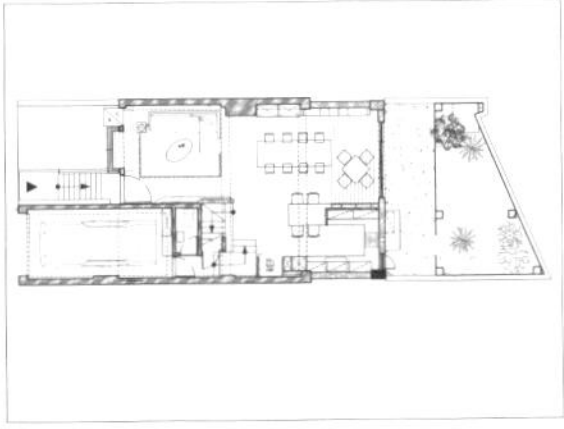

Solution1

ㄇ字型或雙一字型廚具加中島

圖片提供：明代設計

沿空間長邊配置一字型廚具，中島則並行設置，雙一字型設計避免佔用過多面積，又能擴大使用範圍。若寬度足夠，可擴展ㄇ字型廚具加中島。

Type2

縱長型格局

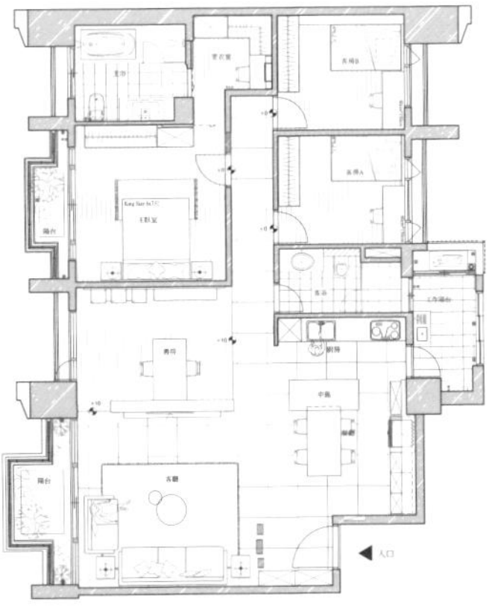

空間偏縱長型，規劃空間大且有彈性，可擴增廚房機能。

Solution2

增設T型島桌

圖片提供：明代設計

空間有足夠長度的情況下，使用一字型廚具與T型島桌，有效延展善用空間坪效。

POINT 2.

秒懂 5 大廚具配置，打造完美廚房動線

常見的 5 大廚具配置包括一字型、L 型、中島、ㄇ字型、雙排型廚房，每種廚房的配置特色不一，藉由詳細的設計規劃要點解析，降低使用不順手的狀況發生，打造流暢的動線與完善的家電收納。

□考量重點 Check List

一字型廚房：

1 廚具檯面不要超過 360 公尺

2 冰箱開門方向必須考慮動線

3 工作檯面至少預留 80 公分

L 型廚房：

1 轉角檯面須有 60 ～ 80 公分

2 冰箱、洗滌區、烹調區可構成黃金三角動線

3 可將水槽面向餐桌增加互動性

中島廚房：

1 中島高度大約 85 公分左右

2 5 坪以上的中島才適合料理

3 中島若配置家電必須預留管線插座

ㄇ字型廚房：

1 大水槽放底端，可和冰箱、爐具成三角動線

2 走道留 120 公分，使用上更舒適

3 2 邊轉角都得搭配轉角收納五金

雙排型廚房：

1 冰箱和爐具的位置必須錯開

2 中間走道至少 90 ～ 120 公分

3 若料理集中一排規劃，另一排可做收納

一字型廚房

省空間、料理動線單純，最適合小坪數

一字型廚房最大的優點是節省空間，料理動線單純、無須移動過多的位置，很適合3坪以下的廚房，但得注意工作檯面、瓦斯爐與牆面的距離拿捏，才能兼顧安全與舒適。

設計規劃要點

01 檯面建議不要超過360公分

一字型廚房是指烹煮、洗滌和食材處理都在同一動線上，很多中古屋翻修若不更改格局，廚具大概只能做到210～220公分，對喜歡料理的人來說還是稍嫌不足，如空間許可，至少應規劃到300公分左右，但也不宜把檯面拉得太長，否則反而更不方便作業。

02 冰箱開門方向必須考慮動線

一字型廚房通常會將冰箱配置在水槽旁，要特別注意冰箱的開門方向，如果水槽在冰箱的左側，建議冰箱可選擇右開門的款式，拿取食材更順手。

03 工作檯面至少預留80公分

在洗滌區和烹飪區域之間，是料理的主要工作檯面，通常需要擺放砧板、食材、備料道具等等，因此至少要留80公分的空間使用，當然若能有80～90公分更好，才能更舒適的做料理前的準備。

04 瓦斯爐與牆面距離至少要40公分

瓦斯爐與牆面之間最好留出40公分的寬度，除了能先暫放已完成的料理，遇上中式大型炒鍋，也能更有餘裕的使用。

05 電器收納櫃整合家電

若空間坪數許可的話，可配置一個電器收納櫃，把需要用到的家電一起收納在內，或者是利用底櫃做開放設計，搭配可抽拉層板，就能爭取可收納的空間。

1 一字型廚具建議
至少要 3 公尺長

2 工作檯面留 80 公分
以上更好使用

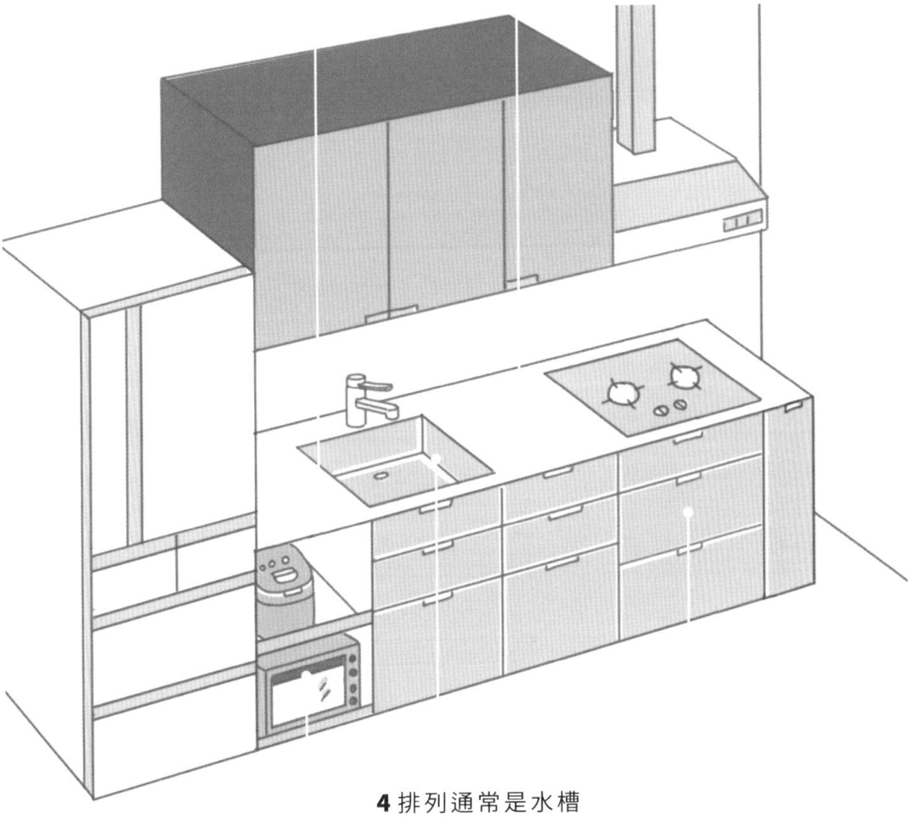

4 排列通常是水槽
→工作檯→爐台

3 小家電藏在底櫃，
好用不佔空間

5 爐台下方一般是配置大
抽屜的收納形式

L型廚房

黃金三角動線、做菜有效率，小家庭最適用

L型廚房的洗滌區、烹飪區各據一個檯面，形成便於烹飪的三角形動線，機能相較一字型更為完善，也能容納2人以上共同下廚，操作起來十分便利。

設計規劃要點

01 依據使用習慣打造三角動線

L型廚房的黃金金三角動線，是指冰箱、洗滌區和烹調區呈現一個三角形，可依據使用習慣和空間條件做規劃，但要注意的是，備料的工作檯面應介於洗滌區和烹調區之間。

02 善用轉角特殊五金

L型廚房的轉角空間通常較難以利用，除了避免將抽屜安裝在轉角處，亦可善用轉角小怪物五金配件，保有收納空間之餘，也更好拿取。

03 轉角處應有60~80公分距離

L型廚房的設計目的是希望能提供2人一起分工料理的空間，因此水槽與瓦斯爐的轉角處需有60~80公分，才能同時容納2人使用。

04 以電器高櫃整合烘烤家電

廚房內可設計電器高櫃作為烘烤區使用，將烤箱、蒸爐、微波爐等以堆疊方式整合於此，高身櫃旁的檯面距離則需要有40~60公分長，方便擺放烘烤時所需的材料與完成品。

05 水槽區面向餐桌規劃

若空間條件足以將水槽區面朝餐桌，清洗碗盤餐具或是食材時，就能和家人互動，加上與用餐空間的緊密結合，也能順手擺放待洗的餐具，動線極為流暢。

3 轉角檯面至少要有 60 ～ 80 公分

2 轉角處搭配小怪物五金才好用

1 可配置電器櫃整合烘烤家電

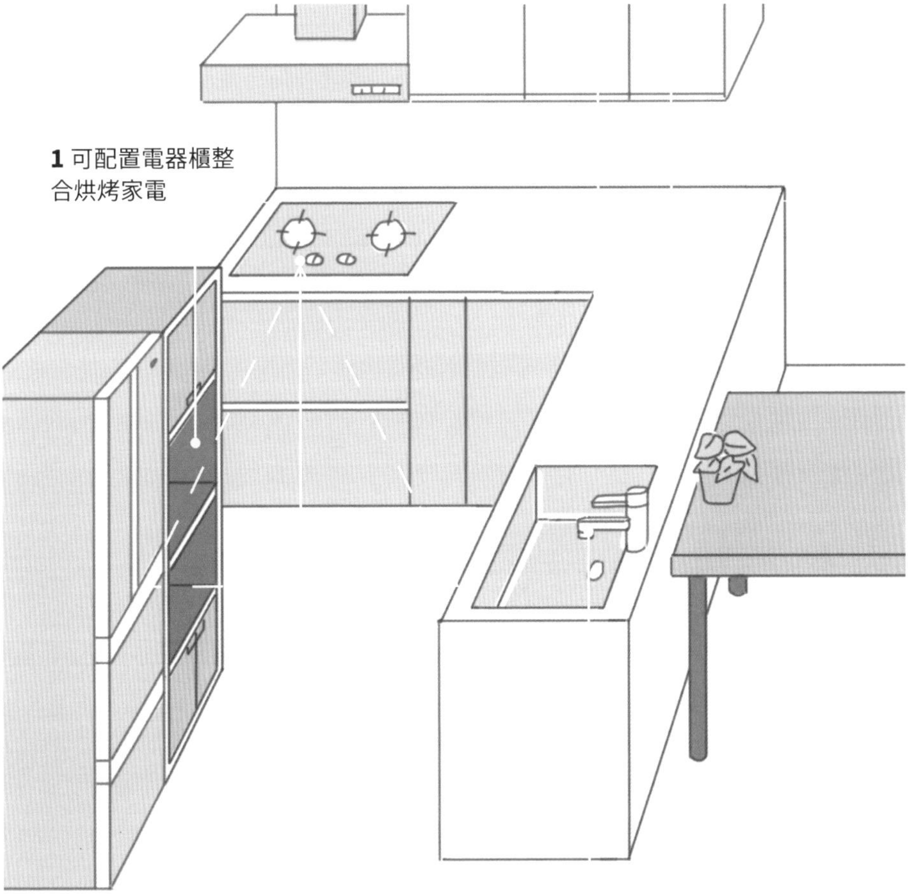

4 冰箱、洗滌區、烹調區構成黃金三角動線

5 水槽面向餐桌可增加互動性

中島廚房

結合料理與吧檯概念，凝聚家人情感

隨著公共廳區的開放，中島廚房成為一大趨勢，既可結合廚具烹飪，也能作為早餐吧或是延伸成為餐桌，帶來更完備的廚房機能，甚至拉近與其他空間的互動連結。

設計規劃要點

01 中島高度至少85公分

一般的餐桌高度大約落在75公分，中島上因為多數還是會裝置爐具，方便烹煮輕食或是圍爐吃火鍋，高度建議至少85公分。

02 空間尺寸決定中島的規模

5坪以下的廚房，中島多以「早餐檯」或「儲物櫃」做為主要形式，5坪以上則是將中島定位為「第二料理區」，若是超過10坪以上的大廚房，則可將中島做為「第一料理區」，並和用餐區域相互串聯。

03 不同中島功能尺寸略有差異

若僅是單純作為早餐檯、儲物櫃的使用，檯面寬度大約介於40～60公分，做為第二料理區功能的話，寬度則需80～90公分，如果是擔任第一料理區的角色，檯面寬度至少要90公分以上。

04 預先規劃插座、電線、管線

除非是打算把中島作為單純的儲物使用，若希望中島也能做點料理，就得思考是否要裝設洗碗機、水槽、感應爐或是需要放置紅酒冰箱，這些涉及水電管線的配置，必須於設計初期提出且預先做好完善規劃

05 雙水槽、爐具劃分料理

中島廚房多數會配置兩個水槽和爐具，一個水槽作為油膩洗滌使用，一個則是無油清洗專用，中島部分的爐具也可多配備感應爐或電陶爐，做為輕食料理使用。

圖解中島型廚房

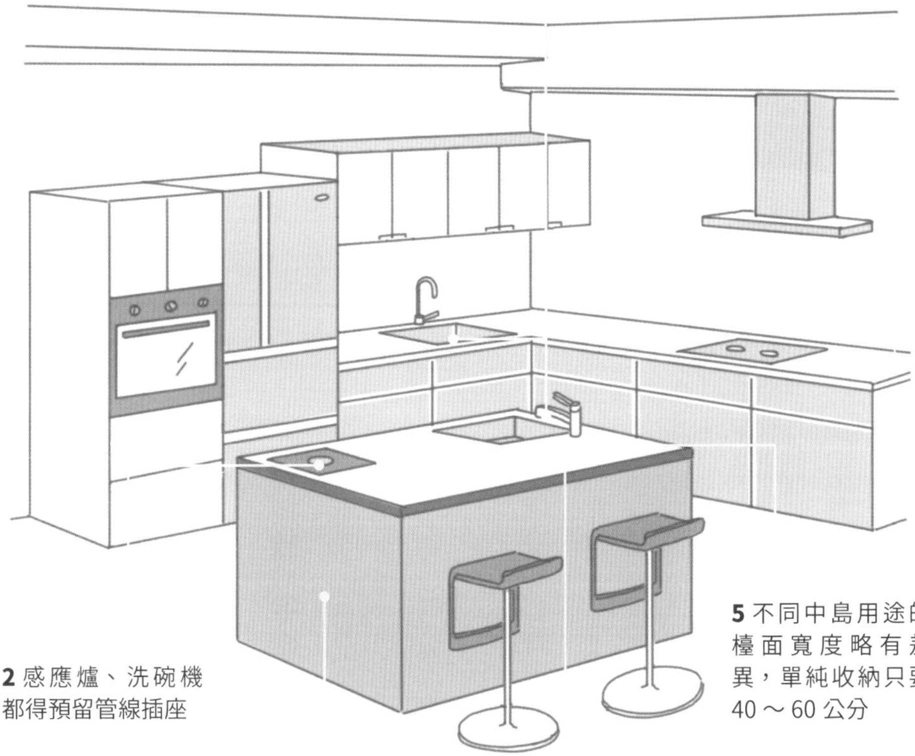
1 雙水槽可依據有無油汙的洗滌作分類使用
2 感應爐、洗碗機都得預留管線插座
3 中島高度大約 85 公分左右
4 5 坪以上的中島才適合結合料理功能
5 不同中島用途的檯面寬度略有差異，單純收納只要 40 ～ 60 公分

ㄇ字型廚房

料理空間大、機能完善，下廚更便利

ㄇ字型廚房主要由L型廚房延伸而來，相較其它廚具擁有較大的料理空間，相對也可獲得更充足的收納機能，不過要注意預留可2人使用的寬度，爐具、水槽與冰箱的動線也要妥善規劃位置。

設計規劃要點

01 兩排之間距離120公分為佳

標準的ㄇ字型廚房至少要有1.5坪以上的空間，而且兩排之間距離至少要有120公分寬，可容納兩人同時使用、避免互相撞到，若有配置廚具下有配置烤箱或洗碗機，也要預留彎腰轉圜動線。

02 大槽近瓦斯爐、小槽近冰箱

如果使用雙槽設計，一般小槽會靠近冰箱，方便清洗拿出來的蔬果食材、大槽則靠近瓦斯爐，便於傾倒湯汁、清洗鍋具。

03 水槽放ㄇ字底端達成三角動線

ㄇ字型廚房的水槽若能規劃在ㄇ字的底端，一面設置烹飪區，另一面放置冰箱，同樣也能讓冰箱、水槽和爐具形成黃金三角動線，料理動距也能因此縮減。

04 須解決2個轉角空間的利用

ㄇ型廚房面臨與L型廚房一樣的轉角問題，設置轉角專用收納櫃是最好的選擇，若是規劃抽屜取用上更不順手。

05 獨立劃分功能，配置更充足

ㄇ字型廚房是L型廚房延伸而來，可藉由兩側廚具將烹調、水槽、工作檯甚至是輕食作業區各自獨立開來，發揮最大的使用效益，也提供足夠的工作區和收納量。

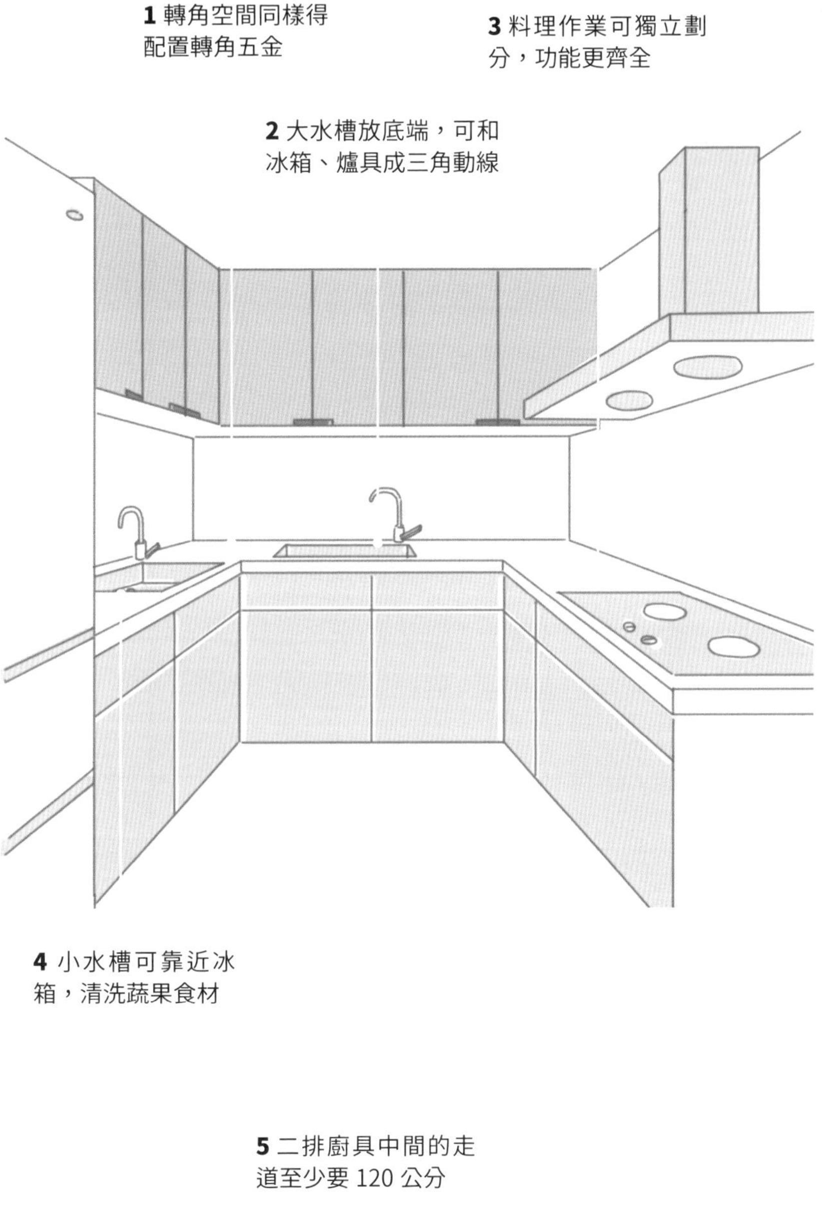
1 轉角空間同樣得
配置轉角五金
3 料理作業可獨立劃
分，功能更齊全
2 大水槽放底端，可和
冰箱、爐具成三角動線
4 小水槽可靠近冰
箱，清洗蔬果食材
5 二排廚具中間的走
道至少要 120 公分

雙排型廚房

料理分區鮮明、收納空間多，打造專業廚房

雙排型廚房意思就是以二字型的廚具規劃概念，可將一排做為料理區、另一排是家電收納，或是水槽、爐具各佔據一排廚具，優點是備料和料理、收納的功能都能明顯區隔。

設計規劃要點

01 兩排廚具應距離90～120公分

雙排型廚房為了避免空間不夠寬敞感到壓迫，以及考量開啟櫃門和抽屜的便利性，兩排廚具之間的距離至少要有90～120公分，才能擁有舒適且足夠的活動空間。

02 依據料理習慣決定水槽配置

雙排型廚房的水槽配置變化多，可以選擇在單排處配置單槽、另一排配置小槽，可方便進行料理分工，或者是將雙槽整合在單排處，另一排就單純做為料理檯使用，搭配不同爐具，使用上也可增加料理的速度。

03 冰箱與爐具位置應錯開

規劃雙排型廚房的時候，應該錯開瓦斯爐和冰箱的位置，以免對沖形成所謂的冰火煞風水禁忌。

04 利用單排整合小家電、餐櫃收納

雙排型廚房另外一種常見的做法是，將水槽、爐具規劃於一側單排，另一側則是配置餐櫃、層板設計，增加廚房的收納量，而餐櫃的檯面也正好能收放一些常用的小家電。

05 配置家電需考量檯面上的功能

雙排型的家電配置，必須跟著檯面上的功能才順手，例如水槽和爐具分在兩側，洗碗機一定是規劃與水槽同一側，若有烘焙的習慣，可將烤箱規劃於鄰近工作檯面處。

圖解雙排型廚房

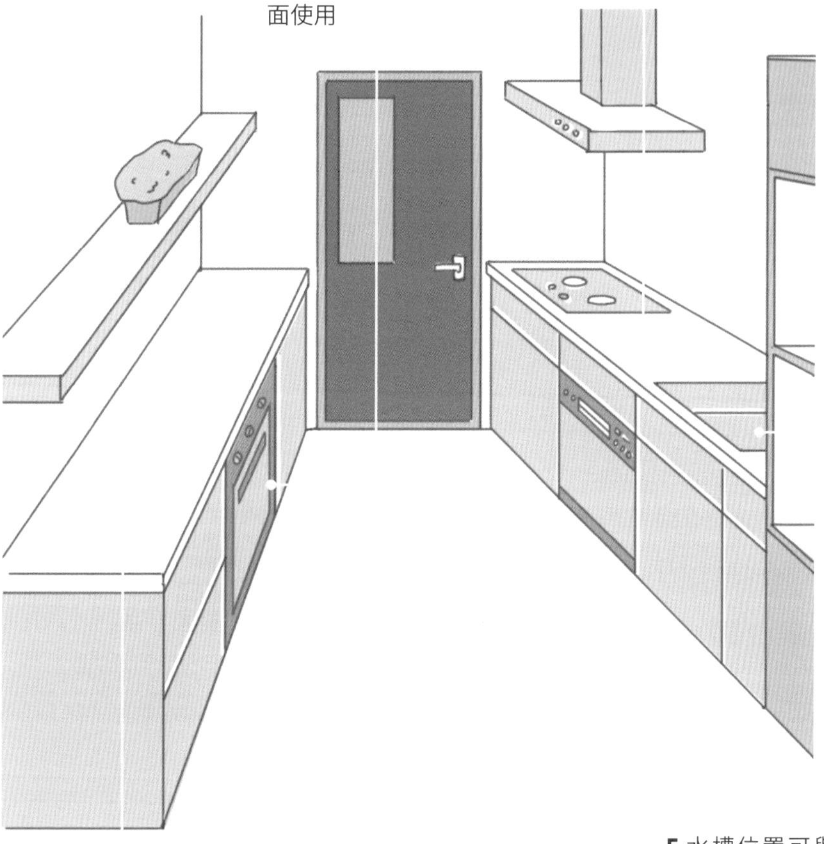

2 利用單排整合爐具、水槽，可形成與一字型廚房的流暢動線
1 嵌入式烤箱可規劃於一側，結合工作檯面使用
3 一側單排可做餐櫃、檯面還能收家電
4 兩排廚具之間最好要有90～120公分的距離
5 水槽位置可與爐具同一側，也能規劃於另一排

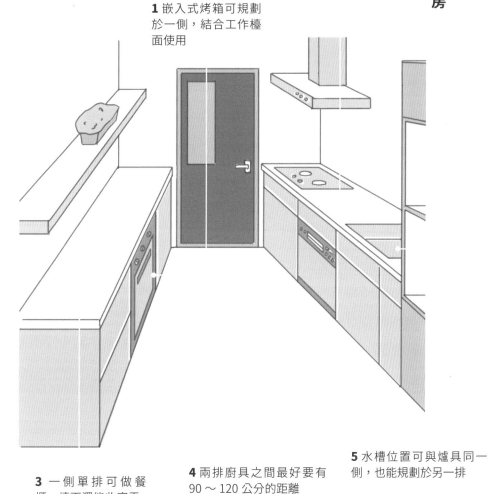

POINT 3.

掌握正確廚房尺寸，
舒適不擁擠

□考量重點 Check List

空間尺寸：

1 廚房走道 90 ～ 130 公分，可容納兩人錯身

2 狹長空間寬度至少 1.5m，才能配置 L 型廚具

3 ㄇ字型廚房空間寬度至少 250 公分

4 開放餐廚加中島，空間深度至少 280 公分

5 空間深度 4m 以上，可同時配置中島與餐桌

廚具尺寸：

1 廚具檯面高度依使用者身高微調

2 水槽 + 備料區 + 瓦斯爐，動線不超過 280 公分為佳

3 廚房底櫃深度 60 公分、吊櫃則需少於 45 公分深

4 吊櫃離檯面至少 70 公分高

5 餐櫃兼電器櫃，深度至少 45 公分

廚房，向來是居家規劃的重點。從洗菜、烹飪到出菜，看似簡單的過程，背後隱藏著各種設計巧思，尤其以尺寸的影響尤深。廊道過小、一開抽屜就卡到門、過大的冰箱佔位，都會妨礙料理流程的順暢。再加上廚房內有各種大小的鍋具瓢盆，是否有足夠空間收納，也是一大重點。因此只要掌握了廚房的設計尺寸，就能讓料理動線與流程井然有序。

廚具配置取決於空間尺度

是否有遇過這種情況？廚房空間過小，拉出抽屜、一開櫃門，連多個人在身後拿東西都顯得狹窄，還有個突出的大冰箱擋在走道，讓你做料理就像完成障礙賽般需要突破層層關卡。因此，規劃廚房格局時，要依循空間尺度安排適宜的廚具配置，窄長型空間適合一字型廚具，偏正方的空間適合ㄇ字型，至於L型配置只要空間寬度足夠都合用。

設計規劃要點

01 廚房走道90～130公分，可容納兩人錯身

不論是封閉或開放廚房，走道的寬度建議維持在90～130公分，這是因為當有人在料理時，另一人想錯身經過，或是在背後拿取物品，也有足夠的距離可容納。而以開放廚房舉例，多半搭配一字型廚具與中島（或餐桌），兩者之間90公分的距離也相當合適，在瓦斯爐將料理盛盤，只要轉身走一步，就能將料理放在中島，過程便利流暢。

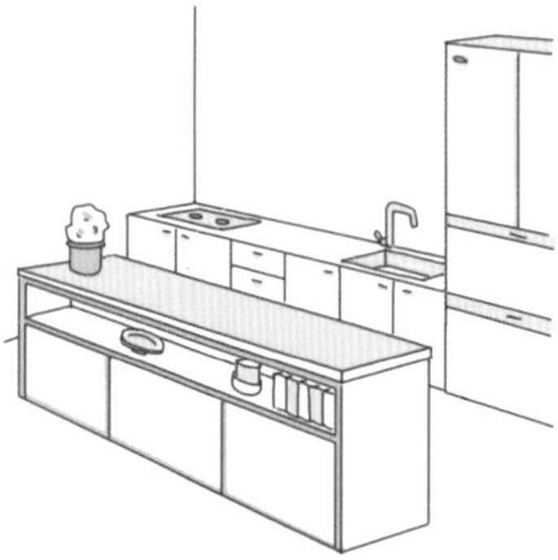

02 狹長空間寬度至少1.5m，才能配置L型廚具

小坪數空間中經常可見狹長型的廚房，而有些廚房可配置L型廚具，有些只能做一字型，這取決於整體廚房空間的寬度。一般來說，僅一人通過的走道寬度75公分＋流理台深度60公分，因此當廚房空間的寬度小於135公分，建議配置一字型廚房。L型廚具則多了短邊的流理台寬度，建議整體空間寬度須大於150公分才足以配置。

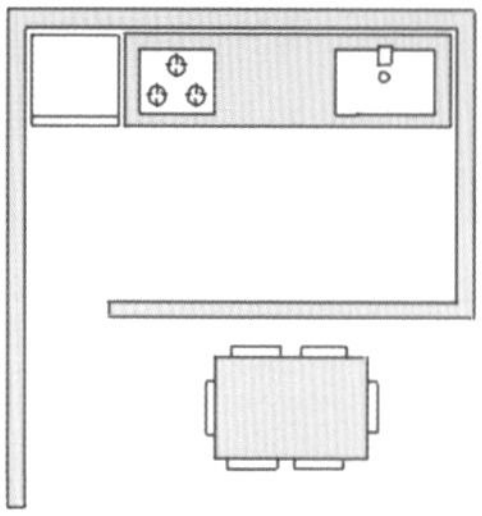

03 ㄇ字型廚房空間寬度至少250公分

若廚房空間為偏正方的格局，建議可配置L型廚具，甚至是ㄇ字型廚具。若是ㄇ字型廚房，所需寬度為走道寬度＋

兩側流理台深度，而走道寬度又必須擴大到可2人同時使用，避免2人相互碰撞，建議走道需有130公分，加上兩側的流理台深度120公分，因此空間寬度最好為250公分以上為佳。

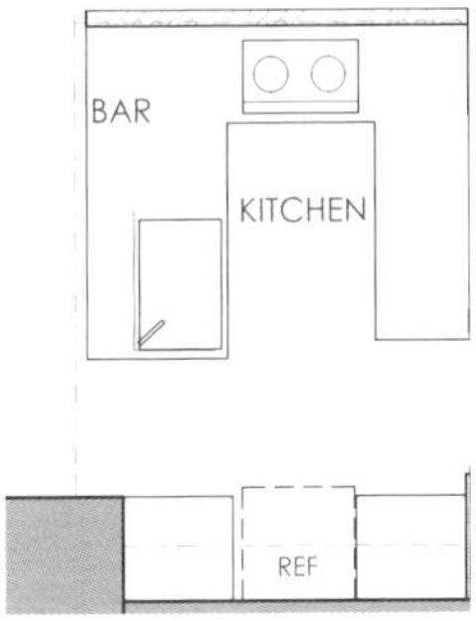

圖片提供：實適空間設計

04 開放餐廚加中島，空間深度至少280公分

開放餐廚的配置多半會與中島或餐桌合併，而小坪數空間是否有足夠的位置放得下中島、該如何搭配中島的尺寸，則會取決於空間尺度。想像一下，流理台深度為60公分，走道採用一人通過的最小值75公分，而一般中島深度至少為75至80公分才夠用。而當中島當作餐桌使用時，也得預留拉出餐椅的深度，讓人用餐時，背後不會被人推擠或撞到。因此，整體餐廚空間的深度至少要有280公分才足以配置中島。

若是不做中島，改以搭配餐桌，以兩人使用的餐桌寬度為75公分，餐廚空間的深度則可縮減為265公分就能配置餐桌。

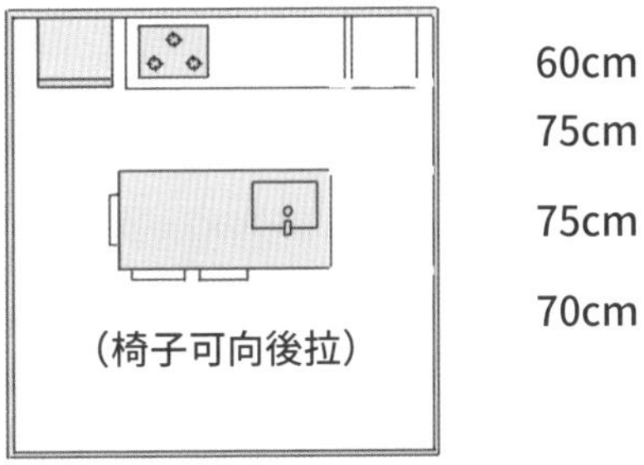

05 空間深度4m以上，可同時配置中島與餐桌

若家中的空間尺度足夠，不妨搭配中島與餐桌，放大空間感，機能加倍。若以一字型廚具加上中島，流理台深度60公分＋走道寬度75公分＋中島寬度75公分，並安排120公分的4人餐桌來看，整體空間深度至少需要4公尺才足夠。

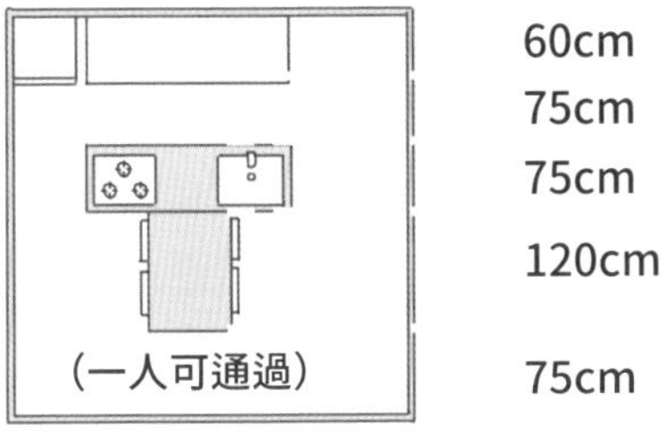

廚具尺寸依體型量身訂做

在廚房料理的動作繁多，為了加速烹飪流程，從流理檯面的寬度、高度、廚櫃的深度、吊櫃高度是否拿適中，是否能拿到櫃中物品？都需考量人體工學，才能順手不費力。而廚房總有許多的鍋具、碗盤、調味罐需要收納，因此如何規劃大小合宜的收納空間，也是廚具規劃的重點。

設計規劃要點

01 廚具檯面高度依使用者身高微調

廚房的廚具檯面高度多在80~90公分（含檯面），可依使用者身高做調整。根據日本厚生省統計，隨炒菜和清洗行為的主要工作部位差異（手肘和腰部），建議可讓瓦斯爐比水槽檯面略低約5公分更符合使用。以身高160公分的使用者來舉例，最符合人體使用的檯面高度應是瓦斯爐檯面約85公分，水槽檯面90公分為佳，計算方式如下：

最符合手肘使用：

瓦斯爐＝（身高／2）＋5公分

最符合腰部使用：

水槽檯面＝（身高／2）＋10公分

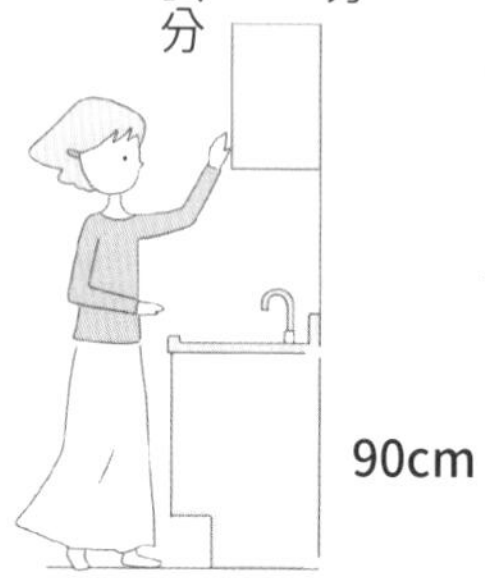

02 水槽＋備料區＋瓦斯爐，動線不超過280公分為佳

一般料理動線依序為水槽、備料區和爐具，水槽寬度約為45~50公分，中央的備料區以75~90公分為佳，可依需求增加，但不建議小於45公分，否則難以使用。而瓦斯爐多半80公分左右，瓦斯爐右側則可以留出約40公分寬的區域，方便暫時放置盤子或菜餚。

小坪數居家常見的一字型廚具，總長度至少要200公分為佳；若為L型廚房，檯面的長邊建議最多不超過280公分，否則容易導致動線過長影響工作效率。

03 底櫃深度60公分、吊櫃則需少於45公分深

廚具受限既有五金、家電規格影響，尺寸變化有限，以流理檯面而言，多半需依照水槽和瓦斯爐深度而定，常見的深度為60～70公分。伸手即能拿取鍋碗，不會太深拿不到。而吊櫃的深度則要注意不能太深，避免彎腰切菜、洗碗，起身時頭部會撞到。吊櫃深度一般約30～35公分、最深不超過45公分，多採取開門或上掀式門片，內部則以簡易層板做活動式規劃為主，收納一些重量輕、較少使用的備品。

04 吊櫃離檯面至少70公分高

一般吊櫃距離檯面約60～70公分高。此外，抽油煙機也經常會使用櫃體隱藏，因此吊櫃高度也會視抽油煙機吸力強弱而定，吸力弱，油煙機櫃就稍微下降一些；吸力強，則拉高。而吊櫃與爐具的距離高度多在75公分以下，不過也要注意抽油煙機不能離得太近，以免火舌被吸進抽油煙機引發火災。

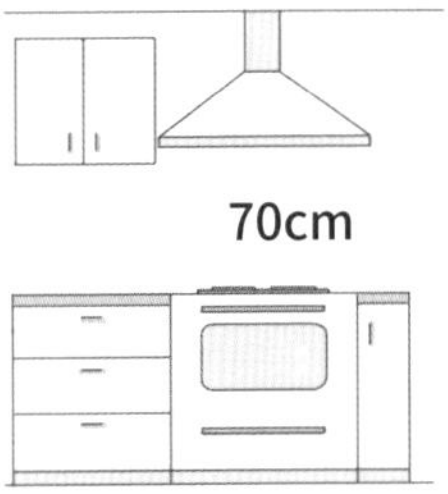

05 餐櫃兼電器櫃，深度至少45公分

若要將飯鍋、微波爐等小家電放在餐櫃，最好配置在中高段較好取放。一般電鍋的高度多為20～25公分，深度為25公分左右；而微波爐和小烤箱的體積較大，高度約在22～30公分，深度約40公分，寬度則在35～42公分不等。同時需考量後方有散熱空間，因此櫃體深度必須注意至少有45公分為佳。

若是小坪數的空間中，建議將小家電放於廚櫃，餐櫃則選用深度35～40公分左右，較能減少體積。

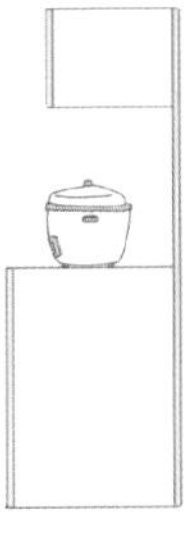

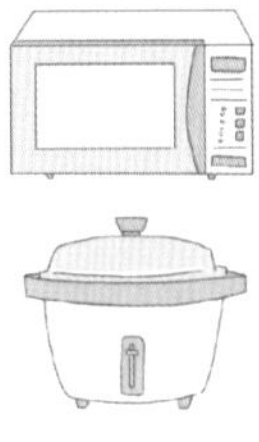

06 矮餐櫃至少85~90公分高，能隨手放物品

廚房有時會額外配置餐櫃擴充機能，可分為展示高櫃、餐邊櫃。另外，廚房電器櫃也有移至餐廳內的趨勢。有些餐櫃尺寸是以空間尺度量身訂做，而慣用餐邊矮櫃高度約85~90公分，展示櫃則可高達200公分以上，至於深度多為40~50公分，收納大盤子或筷類、長杓時更方便。

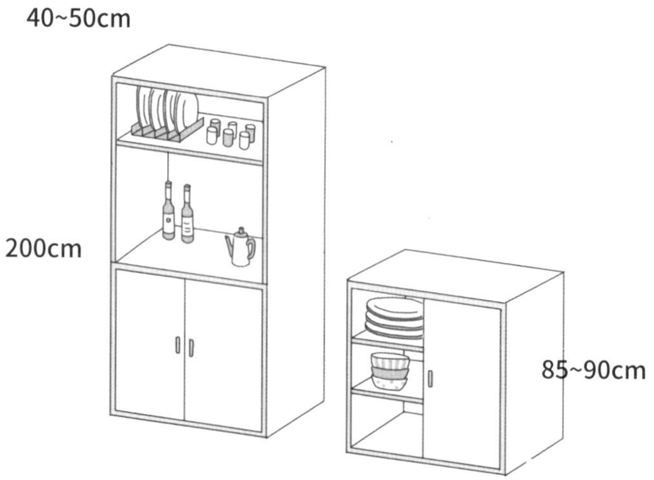

07 抽屜拉籃最深不超過50公分

面對收納物件繁多的廚房，大大小小的抽屜或拉籃是廚具規劃的重要元素，體積較小的刀叉和湯匙，通常會利用一些高度較低（約8~15公分）的抽屜，收放於下櫃的第一、二層，內部運用簡易收納格或小盒子分類收納；大型鍋具炒盤可用大抽屜或拉籃收納於最下層，面板高度能依需求調整，常見以30~40公分為主。特別的是，這類抽屜深度多不做到底，以50公分左右為最適合抽拉的尺寸。

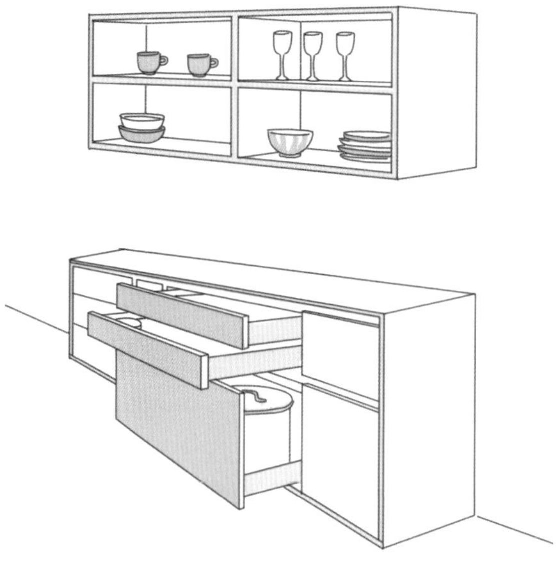

08 側拉籃填補30公分尷尬窄區

一般廚房配件多有既定尺寸，整體規劃難免會遇見狹窄尷尬的剩餘畸零區，這時可選用一些窄寬度的側拉籃填補此一缺口並賦予收納機能，最常見寬度以30公分以下為主，另有50、75公分等，但較少使用，深度則會配合廚具做到約60公分。

09 L型廚具轉角，改用旋轉五金創造收納

除了動線簡單的一字型廚具外，大部分廚具規劃都會遇到轉角問題，在這個約有60×60×85公分的立體空間中，可運用一些旋轉五金配備爭取最大限度的空間使用，如：蝴蝶轉盤、360度轉盤、小怪獸、半圓立式轉籃等，基本都有標準尺寸可供選配。

POINT 4.

用對廚房材質，揮別油膩膩的日子

一套廚具的組成，主要包括門板、檯面、櫃體、水槽、水龍頭，在挑選這些基本配備時應以功能為導向，能抗油汙、好清潔的門板檯面，才更方便使用，水槽的規劃則注意是否與檯面為一體成型設計，另外加入料理習慣為思考，讓廚具真正好用、耐用且實用。

□考量重點 Check List

門片：

1 美耐板是廚具門板當中最平價的選擇，可塑性高也好維護。

2 實木門板價位高也不好保養，建議可選用實木貼皮。

3 如果是經常下廚家庭，光滑表面如結晶鋼烤、陶瓷鋼烤、鋼琴烤漆都很好清潔擦拭。

檯面：

1 檯面多半都是以公分計價，但像是下嵌、平接等加工都必須另外收費。

2 檯面最基本的就是要具備抗刮、抗污、耐蝕、耐熱。

3 人造石雖然可塑性高，然而較容易產生刮痕，若下廚頻率很高，建議選賽麗石或石英石。

櫃體：

1 不鏽鋼桶身具有防水、防腐蝕的功能，堅固耐用，建議用於水槽下的底櫃。

2 選購木芯板需注意甲醛含量是否合乎標準。

3 塑和板桶身屬於環保板材，擁有防潮、耐刮磨特性，是 CP 值很高的櫃體材質。

水槽：

1 不鏽鋼水槽耐高溫也抗酸鹼，但花色相對較少。

2 人造石水槽的材質偏軟，也比較有刮傷、沾黏油汙的情況。

3 結晶花崗岩水槽硬度高、花色也多，相對單價也較高。

水龍頭：

1 如果是一般尺寸水槽，通常多半配置檯面型龍頭。

2 伸縮型龍頭適合大水槽，方便延長水線清洗水槽。

3 複合型龍頭可整合淨水設備，使用上更便利。

門片

抗油汙、好清潔是挑選材質關鍵

廚房內佔據最大視覺畫面的莫過於廚櫃門片，也必須抵抗廚房油煙、灰塵，因此，為了讓廚櫃能永保新穎，市場不斷推出新科技產品，讓廚房變得更好清理、照顧。

門片材質比較表格

項目	特色
結晶鋼烤門片	將壓克力色板覆貼於基材上，讓表面不易龜裂、脫漆或變形，且好清潔、不易沾油煙。
美耐板門片	是一種耐磨防潮的板材、且可塑性高，也易於維護。
陶瓷鋼烤門片	因表面作消光處理，呈現質樸純色；不吸濕、不易龜裂、脫漆、變形，即使廚房高溫、油膩環境也能勝任。
實木門片、實木貼皮門片	為彰顯木紋，多半只在表面噴上簡易保護漆，因此較保養難、木材也易變形。也可用實木貼皮板材較為環保，同樣有不重複的自然木紋與美感。
鋼琴烤漆門片	門板呈現如鋼琴表面般的高質感光澤，優點為顏色飽和、質感透亮，反射面光澤明麗。
熱壓成型門板門片	以密迪板為基材，在表面以 PVC 或 PET 材質包覆壓製，並以高壓電腦定型方式做表面的壓線刻溝處理，也可仿原木門板，花樣、色彩齊全。
不鏽鋼門片	使用壽命長，防水、耐熱、防蛀蟲、不易生鏽、堅固耐用、好清潔。

圖片提供：弘第 HOME DELUXE

結晶鋼烤門片

結晶鋼烤門板是將壓克力色板面材膠合黏貼於基材上，而基材多為木芯板、纖維板或塑合板，並將門板的表面作四至六面的無縫封邊處理，因此具有抗潮性。此外，結晶鋼烤門片色彩很豐富、亮麗而具現代感，且因表面光滑、容易清洗。

怎麼挑

Point 1 結晶鋼烤門片本身具有光澤感，且色彩選擇性多，很適合推薦給廚房採光較差的空間使用，可增加廚房亮度，同時也很適合表現現代風格廚房。

Point 2 由於壓克力耐溫性較差、也較容易刮傷，因此，驗收時可特別注意門板表面是否有刮傷痕跡。

Point 3 結晶鋼烤門片依照不同規格，可作四面、五面或六面的同色無接縫封邊處理，基本上五面封邊價格會較六面略低一些，但不同品牌也會影響價格，可多比較。

費用怎麼算

計價方式以「才」作為計價單位，不滿1才以1才算。結晶鋼烤門板的價格，會依尺寸、包覆面數、把手處理等而有所不同，計價方式以「才」做為計價單位，結晶鋼烤每1才市價約NT.260～380元。

圖片提供：雅登廚具

美耐板

美耐板是一種耐磨防潮的板材，優點是可塑性高，且易於維護，只要以乾溼布順著紋向擦拭。美耐板可提供多樣款式選擇，特別在板材表面呈現上，不管是顏色、凹凸面，甚至是天然材質紋理變化都可栩栩如生，給予櫥櫃門板更多設計的自由度。

怎麼挑

Point 1 美耐板板材費用相對較為親民，一般民眾的接受度高，不過根據板材等級與花樣圖案的不同，還有品牌差異，價格也會有不小落差。

Point 2 雖然美耐板具有耐磨、防潮等特色，但長期浸水還是會造成板材膨脹，而且若過度的碰撞及破壞也是會造成損傷。

Point 3 傳統美耐板表面可分為光滑面與壓花面二種，光滑面較易清理，但容易刮傷，壓花面則不易刮傷但易卡垢，選購時可依自己需求來考量，或升級選擇奈米處理美耐板。

費用怎麼算

一般以「才」作計價單位，每1才約市價NT.100元至數百元。價格會依封邊、厚薄、設計、品牌等因素而有影響，也有不少廠商是以品牌原廠專有的系統軟體來規劃圖面並計算出價格，與一般品牌計價方式（以長度或數量）不同，且無法以單價論。

圖片提供：弘第 HOME DELUXE

陶瓷鋼烤

陶瓷烤漆門板也被稱為霧面烤漆，因表面作消光處理，呈現如沙粒般的立體觸感與質樸純色，適合於現代簡約的內斂風格。陶瓷烤漆門板因經過六面全包覆式多層次噴塗，使漆料完全包覆基板，基材不會與空氣接觸、不吸濕，確保門板不易龜裂、脫漆、變形，即使廚房高溫、油膩環境也能勝任。

怎麼挑

Point 1 陶瓷烤漆的色澤昀潤，觸感略帶粗曠，給人樸質、恬淡的印象，適合用於鄉村風格、新古典風格等，彰顯個人獨特風格與品味。

Point 2 陶瓷烤漆門片顏色多變可以滿足不同設計的需求，尤其在封邊細節上可觀察是否無接縫痕跡。

Point 3 陶瓷鋼烤門片清潔方式簡易，且不容易產生刮痕，保養時只需以棉布沾中性清潔劑擦拭，再以清水拭淨即可。不可用香蕉水或汽油等高揮發性溶劑或強酸鹼液體擦拭。

費用怎麼算

一般以「才」作計價單位，陶瓷鋼烤板材價格屬於中高價位，每1才市價約NT. 400元～500元左右。

圖片提供：和成

實木門片／實木貼皮門片

取材自原木或實木集成材製成的門片均可稱為實木門片，實木門片因想彰顯木材特殊紋理，多半只在表面噴上平光或亮光漆作保護，以便展現溫潤觸感及獨特木紋，但保養難、易變形。此外，在環保主張下開始選用實木貼皮的板材，與實木一樣有花色自然、不重複的特色。

怎麼挑

Point 1 每一塊實木或實木貼皮的門片紋路都會有些許不同，甚至不同批的色澤與質感上也會有落差，購買時可能要略為注意不要太大落差。

Point 2 實木貼皮均須保持乾燥，在使用上要格外謹慎，若太過潮濕可能造成板材或貼皮本身膨脹變形。

Point 3 無論是實木或實木貼皮的門板均有直紋與橫紋的方向性區別，因此，做空間配置或者廚具的對花時應特別注意。

費用怎麼算

多半以「才」作計價單位，實木或實木貼皮門片價格屬於高價位，且因木材的種類繁多，價格也相差甚大。另外，門片價格也會因厚度而有差異，每1才約市價NT.500元～數千元。而不同品牌原廠因專有的系統軟體來規劃圖面並計算出價格，與一般品牌計價方式亦不同。

圖片提供：弘第 HOME DELUXE

鋼琴烤漆門片

鋼琴烤漆顧名思義就是門板可呈現如鋼琴表面般的高質感光澤，此類門片擁有完整塗層的烤漆，於折角處沒有封邊界線，整體風格較為一致。而其優點為顏色飽和、質感透亮和反射面光澤明亮，顏色除了原廠標準色系外，亦可使用國際標準選色色票烤色。

怎麼挑

Point 1 在一定的色差值內，鋼琴烤漆的顏色可能會與色票上的顏色有細微差異，是正常的現象，但在挑選時應多加注意並與廠商確認。

Point 2 烤漆門板分為五面烤或六面烤，根據不同的廠商會有不同的做法，同時也可能會有價差產生。

Point 3 製作優良的鋼琴烤漆門板光可鑑人，反射影像如鏡面般清晰，此外，一般門板皆以中性清潔劑擦拭為主，鋼琴烤漆則必須使用壁麗珠來清潔保養。

費用怎麼算

以「才」作計價單位，鋼琴烤漆門片價格屬於高價位，每1才約市價NT.500元~1,200元以上。品牌廚具則以原廠專有的系統軟體來規劃圖面並計算出價格，與一般品牌計價方式（以長度或數量）不同，且無法以單價論。

圖片提供：和成

熱壓成型門片

在國外頗為流行，以密迪板為基材，在表面以PVC或PET材質包覆壓製，並以高壓電腦定型方式做表面的壓線刻溝處理，也可仿造原木門板，無論花樣、色彩均齊全。由於門板被全面披覆而有較高抗濕性，其品質高低由所披覆之薄片決定，以歐洲進口為佳。

怎麼挑

Point 1 熱壓成型門板特色在於表面的壓線刻溝造型處理，可使廚具與廚房呈現多變風格，尤其歐式古典或鄉村風都很合適。

Point 2 熱壓成型板所披覆的PVC軟片厚薄約在0.4～0.8mm之間，厚薄會影響成品的品質，較厚者質感較佳，選購時應多比較。

Point 3 檢視熱壓成型門板時可多加留意，看看表面是否有熱壓過程中因落塵沾染，進而造成板材上微小突起顆粒等瑕疵。

費用怎麼算

以「才」作計價單位，熱壓成型門片價格屬於中高價位，由於熱壓板可分未塗裝上漆與塗裝上漆不同，塗裝上漆也依各廠牌不同、製造流程不同，品質、質感不同，價格差異頗大。

圖片提供：台灣櫻花

不鏽鋼門片

不鏽鋼門片因材質本身具防水、耐熱、防蛀蟲、不易生鏽、堅固耐用、且使用壽命長⋯⋯等特色，以往多為專業廚房所選用，但近年廚房實用主義與工業風盛行，因此，無論是進口品牌或國內廚具廠商也都陸續推出不鏽鋼材質門片，是近年頗受關注的熱門材質。

怎麼挑

Point 1 不鏽鋼是一種鐵合金，鋼的比重是7.87，裡面添加了鎳、鉻重金屬，這些金屬的比重比鋼要大，所以分量比較重，若是假冒、劣質不鏽鋼，如鋼板鍍鉻的分量就輕。

Point 2 不鏽鋼門板的優劣除了取決於合金成分外，板材厚度也是關鍵，1mm以上厚度可不用套木心板，0.6mm以下鋼板可能需要套木心板或發泡板。

Point 3 隨著食安要求越來越高，市面上還有標榜以304等級的不鏽鋼廚具，或是不鏽鋼烤漆門片，讓不鏽鋼材質也能有溫柔的花色，選購時也可多比較。

費用怎麼算

不鏽鋼門片屬於中高價位的建材，有些廠商以公分計價，也有以每扇門的價格計算，另外，因不鏽鋼板的厚薄、等級或外加的設計如烤漆處理⋯⋯等不同，也會有價格差異。

圖片提供：IKEA

檯面

避免藏污納垢，抗污耐磨最耐用

檯面是料理前最重要的舞台之一，備料、切菜、雜務，所有動作都在檯面上處理，因此檯面品質優劣不僅大大地影響料理者的使用心情，同時能抗刮、抗污、耐蝕、耐熱的好檯面，才能夠避免藏污納垢，確保食材衛生與家人的健康。

檯面材質比較表格

項目	特色
不鏽鋼檯面	耐酸鹼、耐熱度高、不怕潮、又好清理，相當適合廚房環境，但表面易留下刮痕。
人造石檯面	方便造型設計，類似石材的天然質感，但較易刮傷，磨損痕跡可以定期送回打磨保養。
賽麗石檯面	兼具高硬度、設計感及環保的複合石英材料，標榜可解決傳統天然花崗岩所衍生的輻射、滲色等種種問題。
花崗岩檯面	為天然石材，花紋多變且每一片均不同，具藝術價值。但有毛細孔具虹吸作用、且不耐酸鹼，使用維護上需要更細心。
石英石檯面	以莫氏硬度達 6 ～ 7 的石英石粉為主成分，因此具硬度高、耐磨特色，加上吸水率僅 0.05 ～ 0.03%，故不易吃色、抗汙、不易髒、無輻射等優點。
美耐板檯面	運用內襯基材、外覆美耐皿表層所組成的檯面，不論在顏色、材質或紋理，都能提供多樣選擇，尤其仿實木的觸感相似度極高。

圖片提供：德廚集團

不鏽鋼檯面

不鏽鋼檯面為一種鐵合金，耐酸鹼、耐熱度高、不怕潮、又好清理，相當適合廚房環境，也是專業廚房檯面材質的首選。但因不鏽鋼表面較易留下刮痕，清潔時應避免使用菜瓜布或較粗硬的材質，可採用棉布擦拭。

怎麼挑

Point 1 為確保支撐力，不鏽鋼檯面由表層厚約0.6～1.2mm不鏽鋼板與木心板內套組成，高價產品也有厚達2.0mm的不鏽鋼表層，碰撞較不易出現凹痕，切菜時也有吸音效果。

Point 2 現代廚房中常設計有L型檯面，但不鏽鋼材質在轉角處會有45度接痕，建議驗收時可以稍加留意做工的細膩度。

Point 3 檯面與食材接觸機會多，為家人健康，建議選用304食品級不鏽鋼材較佳，而厚度最好也以0.9mm以上為宜。另外，若以202級鋼材長期使用後可能產生水鏽。

費用怎麼算

不鏽鋼檯面通常以公分計價，但因不鏽鋼材質與厚度的價格差異頗大，建議可多方比較再決定，丈量時以標準檯面60公分乘以檯面長度，並以長度每1公分來計價，1公分從NT.20元至NT.40元以上均有，若產品有做挖孔、下嵌、平接…等加工費另計。

圖片提供：實適設計

人造石檯面

人造石檯面主要成分為石粉、樹酯以及人造石粒混製而成，由於質地看起來類似天然石材，且花色豐富、顏色變化也多，加上表面沒有毛細孔，容易清潔，而且人造石的顏色富有變化、花樣多，還可配合設計作出美觀的無接縫處理，讓廚房更有型、有設計感，是目前台灣市場主流。

怎麼挑

Point 1 檯面厚度和強度有直接關係，以10mm厚度毛板經加工打磨後僅剩8mm厚度，將導致部分人造石經不起撞擊後開裂變形。因此選購時一定要詢問厚度，毛坯板材厚度需達國家標準12.7mm，成品應達到12mm厚，但低價檯面通常只有8～10mm厚。

Point 2 劣質人造石無亞克力成分，而是在不飽和樹脂中增加容易與酸鹼發生反應的碳酸鈣石粉來代替氫氧化鋁，長期與廚房中的醬油和醋等酸鹼物質接觸，色澤容易老化、受破壞。

Point 3 品質好的人造石材耐磨、耐酸、耐高溫，且具有抗沖、抗壓、抗折、抗滲透等功能，但因全新人造石不易判別，因此，最好還是選擇有品牌保證的產品。

費用怎麼算

人造石檯面與不鏽鋼計算方式相同，但總長度須再加上前緣與背牆的高度(可扣除標準4cm的前緣與背牆高度)，每1公分的價格約由NT. 70～120元不等。此外，L型檯面一律以深度最長邊計價，一個轉角扣30cm。而挖孔、下嵌、平接…等加工費也是另計。

圖片提供：實適設計

花崗石檯面

花崗岩屬於天然石材，花紋變化豐富且每一片均不相同，具有經典與獨特藝術價值。花崗石可作為戶外建材，具一定耐候性，但因石質有毛細孔，具虹吸作用、且不耐酸鹼，因此使用維護上需要更細心。如檯面有L型或造型需求時接縫處會有明顯接痕。

怎麼挑

Point 1 花崗岩本身具有高貴經典的材質價值，是許多豪宅指定的廚房檯面建材，不過由於價值不斐，購買時要特別注意來源地與生產過程，避免受騙。

Point 2 由於花崗岩是天然的，每一片都是獨一無二，尤其大面積的岩片在整體花紋上不會完全一樣。消費者在訂貨時看到的樣品，和最後收到的產品很可能看起來不同。

Point 3 花崗岩因有毛細孔，建議做定期密封維護，尤其淺色花崗岩常會有較多孔的礦物含量，加上花崗岩中也有裂隙、裂縫，因此需要密封，但密封處理不難，不需一小時即可完成。

費用怎麼算

花崗岩為天然石材，屬於高價位檯面石材，石材會依照其質地優劣而有價差，即使同一花色都可能有不同訂價，市價大約由1公分NT.120元起跳。計價方式與人造石計算方式相同，每一公分的價格約由NT. 70～120元不等。而挖孔、下嵌、平接⋯等加工費也是另計。

圖片提供：水相設計

賽麗石檯面

以最高可達94%的天然石英為主要成份，加上飽和樹脂、抗菌劑、礦物顏料等其他成分混合，經過真空壓製及36道複雜的抛光表面等過程，形成兼具高硬度、設計感及環保的複合石英材料，解決傳統天然花崗岩所衍生的輻射、滲色等種種問題，使賽麗石比其他裝修面材應用在廚房及衛浴上更勝一籌。

怎麼挑

Point 1 每件賽麗石產品背部均印有SILESTONE MADE IN SPAIN標誌以諮識別。購買時請認明標誌，以防買到劣質仿冒品。

Point 2 賽麗石因硬度高，加工時間長，只能在工廠加工，無法現場修改。且因加工難度高，挖孔比人造石貴，訂購時應先想清楚爐具開鑿位置；此外，施工部分也應慎選有經驗的廠商。

Point 3 使用上應避免局部過熱，如在檯面上使用加熱爐，或者大力敲擊拼接位置。雖然石英石檯面幾乎不會被刮傷或撞壞，但萬一破損則無法修補。

費用怎麼算

賽麗石檯面與其他人造石一樣都是以公分計價，價格較高，每1公分約為NT. 120～250元不等。

圖片提供：實適設計

石英石檯面

由於石英石硬度高、耐磨，石英石檯面的石英砂礦成分含量約93％，其餘7％為顏料與聚合樹脂結合劑，莫氏硬度達6～7。另外，石英石檯面因吸水率僅0.05～0.03％，故不易吃色、抗汙性強、不易髒且清理也容易。尤其石英石檯面無毒、無輻射、抗腐蝕耐酸鹼，可安全與食材接觸。

怎麼挑

Point 1 市面充斥著各品牌，留意各項認證是否有NSF 51（美國國家衛生基金會認證）或者硬度測試報告與吸水率報告是否為0.03％。

Point 2 一般判斷石英石品質優劣的方法，是以透光性和硬度為參考值，不過非專業的一般人很難從肉眼辨別，應避免購買來路不明的石英石產品，且要認明保證書，才是真正有保障的方式。

Point 3 高硬度的石英石檯面，只能在工廠加工，無法現場修改、切割。設計安裝前應先想清楚相關爐具的開鑿位置，同時也要慎選有經驗的施工團隊。

費用怎麼算

石英石檯面的價格與面積及厚度二大因素為主，由於檯面厚度若過薄會容易碎裂，建議選擇1.5或2.0公分厚為宜。計價方式有一般以公分或才為單位，檯面60公分深度來看，每1公分約NT.120～250元。另外大品牌則以原廠專有的系統軟體來規劃圖面並計算出價格，與一般品牌計價方式（以長度或數量）不同，且無法以單價論。

圖片提供：弘第 HOME DELUXE

美耐板

美耐板檯面是由內襯的木芯板或塑合板作為基材，在表層覆蓋美耐皿層所組成。由於價格親民，為一般大眾普遍能接受的範圍。美耐板不論在顏色、材質或紋理，都能提供多樣的款式選擇，尤其仿實木的觸感相似度高，許多高級家具在環保訴求下，也逐漸以美耐板來展現不同的風格。

怎麼挑

Point 1 檯面不易收邊，L型檯面會有接縫（無法一體成型），必須時常保持乾燥，以防止水由檯面的接縫中滲入，導致檯面產生膨脹。

Point 2 相較於其它石材或不鏽鋼，美耐板較不適合於潮溼的室內使用，在選購前也要特別想清楚。設計檯面時可安裝防潮擋板於洗碗機上方、檯面下方，加強防潮效果。

Point 3 只需使用濕布或者溫和性質的清潔劑即可，切勿使用鋼刷、砂紙等會刮傷表面的用品進行清潔。

費用怎麼算

一般以「才」作計價單位，每1才約市價NT.100元起。價格會依封邊、美耐板本深厚、薄及廠牌等因素而有影響，也有廠商是以品牌原廠專有的系統軟體來規劃圖面並計算出價格，與一般品牌計價方式（以長度或數量）不同，且無法以單價論。

圖片提供：弘第 HOME DELUXE

櫃體

注意材質成分、認證標章，櫃體才能堅固耐用

不管是罐頭、乾貨，還是鍋碗瓢盆，抑或是常用、不常用的大小雜物，只要不用時就被默默被收進櫥櫃裡，而這上下成排的櫃體即使累到彎腰，也不曾悶吭一聲，只是無聲包容。如何打造一座不彎腰、又好用的櫥櫃桶身，先來認識櫃體建材吧！

櫃體材質比較表格

項目	特色
木芯板廚櫃	以實木條做中間基材，上下以薄木片做夾覆，再上膠使木條與木片可牢固黏著的結構，可在外層作貼皮美化。可承重、上釘，抗壓與防潮性均佳，唯因黏著劑恐有甲醛化學藥劑殘留問題。
塑合板廚櫃	將橡木、櫸木等多種木材纖維屑粒以高溫高壓膠合壓製而成，外層再壓合一層薄板材料。具防潮、抗霉、耐熱、易清潔、耐刮磨等特性，是常見櫃體板材。
不鏽鋼廚櫃	不鏽鋼是一種以不同比重的鋼、鎳、鉻合成的鐵合金，可在內部夾塑合板、木心板或發泡板來幫助固定五金等，材質本身堅固耐用達數十年。

圖片提供：弘第 HOME DELUXE

木芯板

猶如三明治般，木芯板是以實木條做中間基材，上下以薄木片做夾覆，再上膠使木條與木片可牢固黏著的結構，而為求美觀常會在木夾板上再作貼皮處理。由於主結構是實木，所以承重、上釘都沒問題，抗壓與防潮性均佳，唯因黏著劑恐有甲醛化學藥劑殘留問題。

怎麼挑

Point 1 如果擔心木芯板有甲醛殘留問題，可以指定使用符合或低於國家標準甲醛含量的木芯板，目前只要F3級的板材即符合國家標準，而市面上也有F1、F2級的產品。

Point 2 木心板通常外面貼有木皮面做裝飾，因此內部使用的木種或排列結構不易察覺，可詢問業者貨源或請業者提供等級認證較有保障。

Point 3 木芯板在外層通常會加工做單面木皮貼飾，背面塗漆處理，若是雙面貼皮則價錢較貴，另外外層貼皮木種或上漆方式，也會造成價格差異。

費用怎麼算

木芯板通常有固定尺寸與厚度，計價單位以每片來計算。而價格除了與尺寸、厚薄有關，未貼皮、單面貼皮與雙面貼皮也會有不同價差；以最常見的4尺X 8尺木芯板價格約一片NT.600～1,500元。

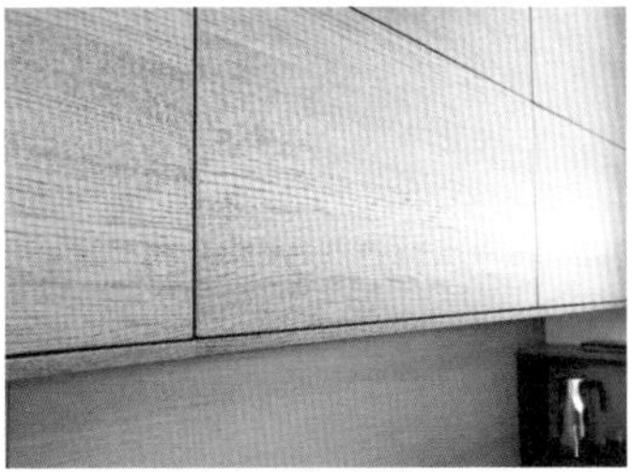

圖片提供：弘第 HOME DELUXE

塑合板

塑合板具防潮、抗霉、耐熱、易清潔、耐刮磨等特性，適用在廚具櫃體，也是市面上常見櫃體板材。其板材製作過程是將橡木、櫸木等多種木材纖維屑粒壓製而成，粗屑粒在中間、細的則在表面鋪佈，再以高溫高壓的技術膠合後，外層再壓合一層薄板材料。因可再生利用，亦被稱為環保板材。

怎麼挑

Point 1 塑合板同樣有甲醛散逸環境中的疑慮，所以一般系統櫃廠商常選擇使用 V313 E1 級的塑合板，主要是因為膨脹係數及甲醛含量都較低，消費者接受度較高，挑選時可多加注意。

Point 2 塑合板在所有板材中價位屬於中等單價，加上以美耐皿面材貼皮的花色相當多元，可打造出各種風格，是CP值頗高的廚房櫃體材質。

Point 3 雖然塑合板具有防潮、耐刮磨的性能，但若是過度泡水或碰撞，仍會使板材受損，購買前還是要考量自家廚房的環境與生活習慣。

費用怎麼算

塑合板有固定尺寸與厚度，計價單位以每片來計算。而價格除了與尺寸與厚薄有關，貼飾層的材質也是價格關鍵；以最常見的4尺 X 8尺塑合板價格約一片NT.250～1,000元均有。另也有以品牌原廠專有的系統軟體來規劃圖面並計算出價格，與一般品牌計價方式（以長度或數量）不同，且無法以單價論。

圖片提供：弘第 HOME DELUXE

不鏽鋼

不鏽鋼是一種以不同比重的鋼、鎳、鉻合成的鐵合金，材質本身分量比較重，一般櫃體使用的不鏽鋼厚度約為0.4～0.6㎜，作法可分為單層與雙層桶身，單層櫃體是以大型沖床壓製成型再以點焊接合；而雙層櫃體作工較講究，是以兩片鋼板內夾塑合板或木芯板，可幫助固定五金螺絲，可讓櫃體結構更為穩定。

怎麼挑

Point 1 劣質不鏽鋼的鋼板鍍鉻或含鎳份量少，全新時差異不大，但時間久了就會產生銹斑。例如200系列不鏽鋼價格相對便宜，但因含鎳量只在1～2％左右，較易生鏽。

Point 2 在擔心生鏽外，因櫥櫃會接觸食品，所以以鋼＋18％鉻＋8％鎳合成的304不鏽鋼，具有可抗化學性氧化的優點，也就是俗稱的「白鐵」，最適合用於廚房櫥櫃與家庭用品。

Point 3 不鏽鋼的重點之一還有就是要注意板材厚度，尤其是下櫃因需要支撐檯面與爐具重量，厚度上不能過薄，或是須以雙層夾板的桶身設計較適合。

費用怎麼算

不鏽鋼材屬於中高價位的建材，多以平方公分計價，由於廠商的材料成本是以重量計算，因此，不鏽鋼板厚薄直接影響價格，另外，不同等級不鏽鋼的價格也不同，加上桶身做法不一，每家價格自然有差異。

圖片提供：IKEA

水槽

材質要耐高溫、抗酸鹼，一體成型設計更實用

從餐前準備到餐後收拾殘局，一個廚房中若將水的元素抽離了，廚房功能就像半癱瘓一般，這也說明水的重要。而如何讓水變得更好用呢？一個稱職的水槽絕對不可少，但不鏽鋼、人造石與花崗岩，不同水槽材質各有擁護者與優缺點，該選哪一種呢？

水槽材質比較表格

項目	特色
不鏽鋼	風格可百搭，不吸油汙、耐高溫、不腐蝕、好清理，但花色相對少。
人造石	花色多、可於檯面無接縫處理、但材質較軟、容易刮傷、沾污，須隨時保持清潔。
結晶花崗岩	硬度高、耐高溫、抗酸鹼、花色也多，但價位較高。

圖片提供：IKEA

不鏽鋼

對於台灣人而言，不鏽鋼水槽應該都不陌生，這也是目前市場上最廣泛被選用的水槽材質，市占率相當高。由於不鏽鋼擁有不吸油、不藏垢、無異味、耐高溫、不怕潮、不易老化、不易腐蝕、又好安裝等眾多優點，加上尺寸、造型、質感的選擇性也多，成為各種風格的百搭選擇。

怎麼挑

Point 1 挑選水槽除了要考量自己使用習慣，決定單雙槽、大小尺寸及造型以外，厚薄建議以0.8mm～1.0mm為宜，其次配件部分也要檢查，是否與水槽能緊密結合。

Point 2 若非一體成型的成品，焊接品質優劣則是影響不鏽鋼水槽壽命的關鍵因素，因此挑選時可從焊接是否緊密、無虛焊等角度來觀察，焊接的工藝品質好才可防止生鏽、脫焊等問題。

Point 3 不鏽鋼水槽雖有眾多優點，但是易留下水痕與刮痕，使用時水聲較大，對於追求完美的人可能是小小缺憾，若真的很在乎可考慮選擇超厚靜音款，或有耐刮痕的壓花不鏽鋼水槽。

費用怎麼算

水槽以一顆為計價單位。由於不鏽鋼水槽的市佔率極高，無論進口或國內大小品牌均有推出不鏽鋼水槽的產品，選擇性極多，因此，價位也從低價位的數百元商品，到中高價位的數千元，甚至到進口品牌需上萬元的水槽均有。

圖片提供：IKEA

人造石

以石粉、石礫與樹酯混和而成的人造石材質已是居家常見的建材，其中也包括了人造石水槽，不僅有豐富多樣的顏色可以挑選，也有類似天然石材的質感，讓風格品味更出眾、有溫度，尤其若檯面也是人造石可做無接縫處理，避免細菌在隙縫孳生。

怎麼挑

Point 1 人造石水槽最為人詬病是抗油污效能比不上不鏽鋼，不過，有廠商發展出耐污款，只需在使用水槽後立即清理，就不用擔心吃色問題。但若長時間不清理，還是有可能留下污漬。

Point 2 人造石品牌越來越多，為安心起見建議以市面上較大品牌為首選，大品牌甚至有推出在正常使用下可享有十年保固的服務。

Point 3 從外觀先檢查水槽的完整性，有無明顯傷痕或色差，並觀察石粒顏色是否均勻。其次，看看石材中有無氣泡，應選擇無任何為小氣泡的實心材料為優。

費用怎麼算

水槽多是一體成型的設計，通常以「顆」為單位，不含龍頭或水槽上其它的設備，價格除了因大小尺寸、單雙槽款式不同而有差異，品牌也是決定性因素之一，市價一顆約從 NT.2～3,000 元至數萬元以上均有。

攝影：沈仲達

花崗岩水槽

花崗岩水槽是取花崗岩中最堅硬的高純度石英材料混合食品級樹脂，經高溫壓鑄而成，其高硬度的特質能抵抗撞擊、切割、尖銳物刮磨等破壞。此外，花崗岩水槽具有耐高溫、抗菌性、抗腐蝕性、耐酸鹼、防染色等效能極為優異，加上吸水率及吸油率極低，中西式烹飪方式的廚房均合適。

怎麼挑

Point 1 花崗岩水槽的花色豐富、選擇性大，且因原料為天然石材，質感相較於不鏽鋼更顯溫和，對於偏好質樸自然、或是古典風格的廚房是不錯的選擇。

Point 2 許多花崗岩水槽標榜有抗菌性與吸音功能，若很在乎這些性能的消費者，在選購時可以請廠商提供相關的測試證明。

Point 3 花崗岩水槽標榜硬度僅次於鑽石，即使刀叉直接刮劃也不會留痕跡，但因價位不低，建議購買時應選擇有原廠保證書的大品牌為佳。

費用怎麼算

花崗岩水槽同樣以「顆」為計價單位，單價在三種材質中屬於偏高者，一般單價會落在NT.5,000元～數萬元以上。價格不含龍頭或水槽上其它的設備，因大小尺寸、單雙槽款式不同而有差異，品牌也是決定性因素之一。

圖片提供：品硯美學廚電 -Reginox

水龍頭

出水方式、複合功能，讓洗滌更得心應手

水既然是廚房中不可或缺的元素，那麼負責將這重要水源送達需要地方的龍頭，自然就成為廚房中關鍵一員。隨著生活品質提升，龍頭不只要能順利出水，同時要講究外觀造型，而不斷提升的貼心機能，更是未來龍頭設計的一大課題。

水龍頭種類比較表格

項目	特色
檯面型龍頭	可提供一般冷熱水供應，適合需要單純出水功能者。
伸縮型龍頭	適用於大水槽，可拉長水線更方便洗水槽或沖洗物品。
複合型龍頭	可將 RO 逆滲透出水功能整合在同一出水龍頭。

圖片提供：IKEA

檯面型龍頭

檯面型龍頭泛指被固定於檯面上，單純功能的單槍型及鵝頸型出水龍頭，是廚房中最常見的水龍頭款式，因此，有較多外觀款式可挑選，但相對機能設計較單調。此類型龍頭多可左右旋轉，可供給冷、熱水，適合僅需簡單功能的家庭。

怎麼挑

Point 1 檯面型龍頭音功能單純，挑選時最重要是考慮造型是否滿意；另外，則是需特別注意龍頭的尺寸，以預防盛水時鍋子會卡到出水口。

Point 2 出水開關的位置可能影響使用的方便性，挑選時也應依自己習慣與廚房現場的配置來考量，以免日後造成不順手的問題。

Point 3 廚房水源多會與食物或餐具接觸，因此應注意是否為無鉛材質製造，可詢問是否取得經濟部標準檢驗局商品驗證證書，符合水龍頭鉛溶出低於 0.007mg/L 以下的國家標準，或其它歐美國家證書。

費用怎麼算

龍頭的計價單位為「支」，通常價格會包含內部及周邊的基礎五金配件，至於價格部份市面上各品牌的差異相當大，國內廠牌約為 NT. 2,000～10,000 元。至於進口品牌則約 NT. 10,000 至數十萬元均有。

圖片提供：IKEA

伸縮型龍頭

伸縮型龍頭除了具備一般龍頭功能外，還多了可以拉出噴水頭的使用功能，對於希望能更自由移動水線，或搭配大水槽使用的人會便利許多，同時有些噴水頭會有加壓功能，讓水流轉為強力噴灑的出水狀態，更方便於水槽清洗或者食物的清洗。

怎麼挑

Point 1 由於伸縮龍頭的尺寸較高，因此在選配安裝時應事先觀察並了解現場高度，以免屆時無法安裝，或安裝後不好使用。

Point 2 每一款伸縮型的噴口可拉出的長度，以及可旋轉的角度可能都不一樣，選擇時應事先詢問清楚，避免安裝後覺得不好用。

Point 3 廚房水源多會與食物或餐具接觸，因此應注意是否為無鉛材質製造，可詢問是否取得經濟部標準檢驗局商品驗證證書，符合水龍頭鉛溶出低於 0.007mg/L 以下的國家標準，或其它歐美國家證書。

費用怎麼算

龍頭的計價單位為「支」，通常價格會包含內部及周邊的基礎五金配件，至於價格部份市面上各品牌的差異相當大，國內廠牌約為 NT. 5,000 ~ 15,000 元。至於進口品牌則約一萬至數十萬元均有。

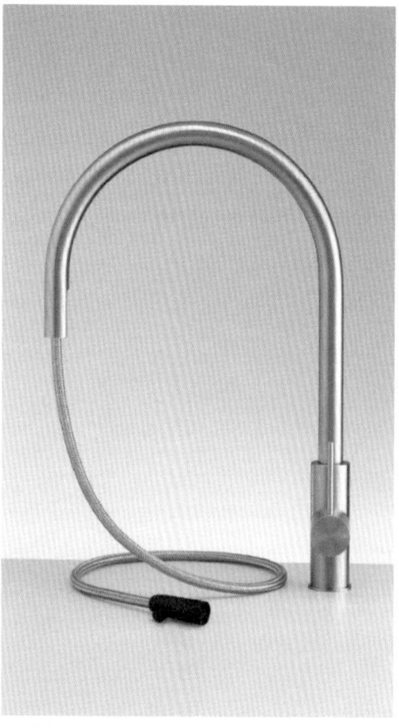

圖片提供：嘉品企業

複合型龍頭

複合型龍頭主要是指在龍頭上附加其它功能的款式，一般常見會搭配伸縮沖洗或結合RO逆滲透淨水功能等等，好處是可以將需要的水源及功能做整合，避免檯面上須多開洞來安裝另一處出水處，顯得雜亂，有助於讓設計簡約化。

怎麼挑

Point 1 由於複合型龍頭在廚下櫃體內或後端須有足夠空間來放置機器，因此須注意整體的檯面大小和深度，避免無法安裝廚櫃下方，反造成視覺雜亂感。

Point 2 注意飲用水與一般水的出水管路須分開，避免讓自來水污染了飲用水，影響家人用水安全。

Point 3 廚房水源多會與食物或餐具接觸，因此應注意是否為無鉛材質製造，可詢問是否取得經濟部標準檢驗局商品驗證證書，符合水龍頭鉛溶出低於 0.007mg/L 以下的國家標準，或其它歐美國家證書。

費用怎麼算

龍頭的計價單位為「支」，通常價格會包含內部及周邊的基礎五金配件，至於價格部份市面上各品牌的差異相當大，國內廠牌約為 NT.5,000～15,000 元。至於進口品牌則約一萬至數十萬元均有。

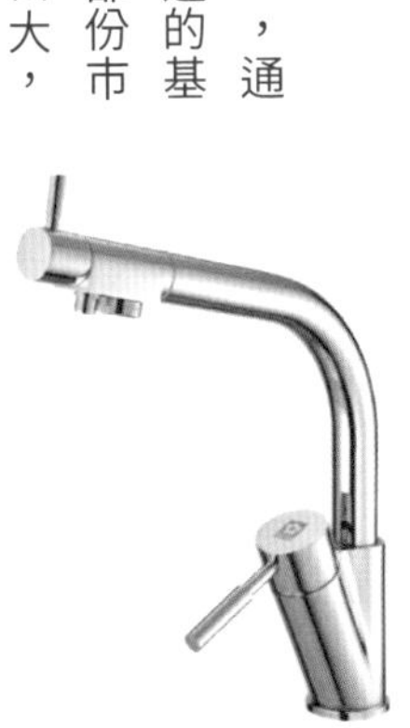

圖片提供：台灣櫻花

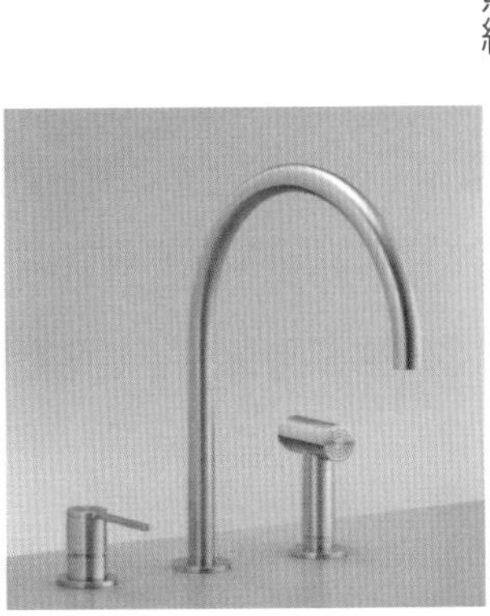

圖片提供：嘉品企業

POINT 5.

家電設備這樣挑，一秒變大廚

廚房家電越來越聰明、貼近生活，健康、省時、省力、安全成主要訴求。以價格來說，從陽春款到進口高階機種價差可達十多萬，該如何下手呢？建議與其挑最好的，不如挑最適合自己！了解自己的廚房型式、烹飪習慣、預算等細節，就能挑出妳家廚房的 Mr. Right。

□考量重點 Check List

抽油煙機：

1 斜背式尺寸越大吸力越佳。採取濾網、集油盒方式過濾，油杯、網材是否好更換、拆卸將直接影響日後保養、清潔流程。

2 歐化抽油煙機直流變頻機種是目前市場主流，平面濾網通常為可拆洗的金屬材質，建議每次烹調完直接放入洗碗機清潔是最方便、有效率的方式。

3 中島式抽油煙機雖然擁有高科技可強化吸力，但因氣流擾動、集煙問題，仍有油煙散溢疑慮，推薦輕食烹調族群使用。

瓦斯爐：

1 檯面爐最好選擇銅製爐頭，不僅導熱性佳、防鏽耐用。

2 嵌入式瓦斯爐不鏽鋼天板耐撞但容易刮花，強化玻璃美觀好清潔，但有重量限制與怕撞擊。

3 IH 智慧感應爐有鍋具限制，需使用可導磁的金屬鍋具。

洗碗機：

1 獨立式無需考慮廚櫃尺寸、破壞原有設計以及裝設時的施工費用問題。

2 獨立式洗碗機的烘乾設計有獨立乾燥設計、熱水餘溫悶烘等方式，現在還有添加沸石強化乾燥效果，達到節能省電、防止悶烘反潮問題。

3 嵌入式面板都需與廚具廠商配合，精確丈量尺寸、完美密合才能達到最佳效果。

烤箱：

1 蒸烤爐有分層料理、自動烹煮程式等設計，操作便利，提高家電使用頻率。

2 微波蒸烤箱結合蒸、烤機能，效率做出各式不同餐點。三合一機種，可省下不少廚房空間。

3 歐美爐連烤配置大烤箱；日系爐連烤下方烤箱為扁長型，多用於烤魚、牛排等食材，若有大容量需求可再加裝瓦斯烤箱。

抽油煙機

廚房健康家電－抽油煙機，直流變頻多行程超貼心

廚房油煙是惱人的室內汙染，抽油煙機便成為守護健康的第一道防線。可自動偵測感應調節吸力，搭配直流變頻、多道行程的抽油煙機是目前市場主流。造型上則多為流線極簡、隱藏式最夯。從大火快炒所需要的 turbo 級吸力，到料理完畢持續排煙的靜音行程，搭配定時關機設計，貼近居家使用的各種人性細節，成為生活中不可或缺的廚房健康設備。

抽油煙機種類比較表格

項目	特色
斜背式	斜背式與深罩式多為國產的傳統中式機種，具備 23cm ～ 30cm 的集煙深度，缺點是體積龐大、外型不討喜，但價格便宜、集煙效果好，適合喜歡大火快炒的中式料理族群。
歐化式	可分為倒 T 型與漏斗型，是目前廚房常見款式，無論搭配廚具或單獨露出皆簡潔美觀。尺寸分為 90cm、100cm、120cm 為主，在不考量馬達種類前提下，漏斗型是歐化抽油煙機中吸力較佳的款式。
隱藏式	半隱式抽油煙機是指機體藏於廚櫃、操控面板外露可直接操控的款式；全隱藏式則是完全看不到機體的類型。隱藏式抽油煙機可完美融入空間設計當中，令整體風格更加一致。受限於櫃體深度，有集煙區過小問題。
中島式	中島式排油煙機材質大多以不鏽鋼材質為主，配合中島廚房設計而生的產品，有圓形、方型、一字型等造型可選擇，尺寸、種類變化多。由於裝設位置關係與造型，雖然擁有高科技可強化吸力，但因氣流擾動、集煙問題，仍有油煙散溢疑慮，推薦輕食烹調族群使用。

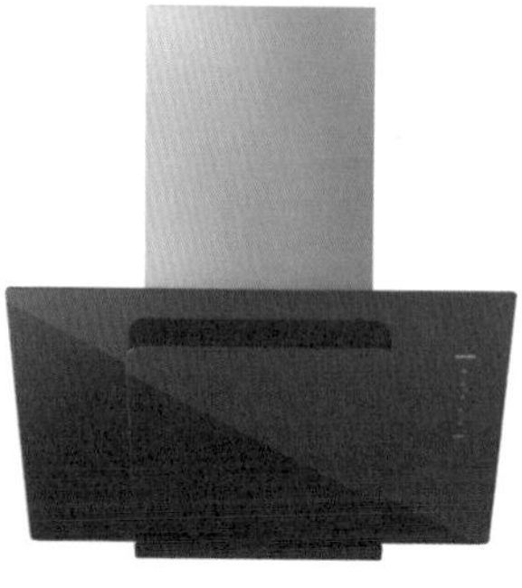

圖片提供：台灣櫻花

斜背式抽油煙機

斜背式與深罩式多為國產的傳統中式機種，具備23cm～30cm的集煙深度，缺點是體積龐大、外型不討喜，但價格便宜、集煙效果好，適合喜歡大火快炒的中式料理族群。

怎麼挑

Point 1 常見尺寸為80 cm、90 cm，原則上尺寸越大吸力越佳。採取濾網、集油盒方式過濾，油杯、網材是否好更換、拆卸將直接影響日後保養、清潔流程。

Point 2 抽油煙機與爐口檯面距離要抓在65～70 cm，過近會太矮容易撞頭，還有爐火離集油盒太近等風險；兩者距離太遠則會降低吸力。

Point 3 因為集風罩關係，如果廚櫃較矮，裝設高度就會較低，邊角設計最好為圓弧狀，避免碰撞受傷。選擇觸控面板、簡潔轉折造型，避免卡污，清潔更便利。

費用怎麼算

以台計價。斜背式、深罩式抽油煙機價位大約介於NT.6,390～20,100元之間，視品牌、與馬達種類有極大落差。

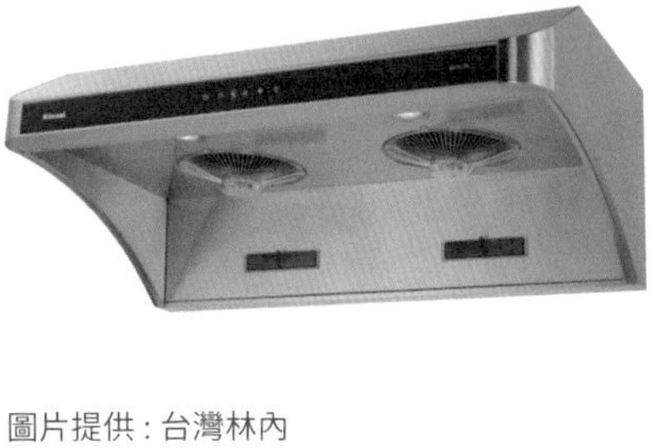

圖片提供：台灣林內

歐化抽油煙機

可分為倒T型與漏斗型，是目前廚房常見款式，無論搭配廚具或單獨露出皆簡潔美觀。尺寸分為90cm、100cm、120cm為主，在不考量馬達種類前提下，漏斗型是歐化抽油煙機中吸力較佳的款式。

費用怎麼算

歐化式除油煙機價位大約介於NT.11,500～30,600元之間，視品牌與馬達種類有極大落差。

怎麼挑

Point 1 直流變頻機種是目前市場主流，多段行程從最強吸力、到料理完成的靜音排氣都有，還具備定時關機功能，雖然價格較高，但美觀與機能兼具，打破一般對於歐化抽油煙機吸力疑慮。

Point 2 平面濾網通常為可拆洗的金屬材質，建議每次烹調完直接放入洗碗機清潔是最方便、有效率的方式。另外部分機種可加裝活性碳濾網，為阻隔油煙多一道防線。

Point 3 目前市面上出現凹形3D環吸技術，可強力吸除前方油煙、阻絕油煙外溢，擴增吸煙面積，達到3D立體般的吸煙效果，同時提升進煙速度加速排出。

圖片提供：台灣櫻花

隱藏、半隱式抽油煙機

半隱式抽油煙機是指機體藏於廚櫃、操控面板外露可直接操控的款式；全隱藏式則是完全看不到機體的類型。隱藏式抽油煙機可完美融入空間設計當中，令居家整體風格更加一致。

怎麼挑

Point 1 與一般抽油煙機一樣擁有渦輪變頻機種，選擇機能不受限。需精確了解自家廚櫃尺寸，以免體積過大無法安裝。

Point 2 抽油煙機尺寸最好能大於瓦斯爐面10cm，才能達到最佳涵蓋範圍，但隱藏式機種往往受限於櫃體深度、走精巧路線，此時可選擇自動或手動掀門款，料理時打開、暫時擴增集煙範圍。

Point 3 部分機種具備自動感溫、變換風速設計，有效率地排出瓦斯廢氣與油煙。還能與爐火進行連動，一開火便啟動抽風裝置，以及當溫度異常時會發出警告甚至關閉爐火。

費用怎麼算

全隱式、半隱式抽油煙機價位大約介於NT.7,000～68,000元之間，視國內、進口品牌與馬達種類、附加科技功能有極大落差。

圖片提供：登美廚具

中島式抽油煙機

中島式排油煙機材質大多以不鏽鋼材質為主，配合中島廚房設計而生的產品，有圓形、方型、一字型等造型可選擇，尺寸、種類變化多。由於裝設位置關係與造型，雖然擁有高科技可強化吸力，但因氣流擾動、集煙問題，仍有油煙散溢疑慮，推薦輕食烹調族群使用。

怎麼挑

Point 1 中島式抽油煙機身處空間中心地帶，若離排風口過遠、無法順利接風管外排的話，可選擇內循環方式回排室內，透過活性碳濾網與環狀多重過濾系統達到淨味、濾淨效果，適合喜歡簡單料理的人。

Point 2 最好在整修初期便加入設計當中！裝設中島式抽油煙機需事先規劃管線，確認水電位置，尤其外排風管如何安排非常重要，會直接影響吸煙與排放效率。

Point 3 機體要固定於天花板，得衡量整體結構強度、載重是否足夠。更得選擇好拆洗清潔的油網，或定期更換濾網，才能長時間保持空間潔淨不黏膩。

費用怎麼算

中島式抽油煙機價位大約介於 NT. 21,000～68,000 元之間，視國內、進口品牌與馬達種類、附加科技功能有極大落差。

圖片提供：博世家電

瓦斯爐

跟著廚房風格走，爐具越趨簡鍊、平面

瓦斯爐從安裝方式可分為最早期的台爐、過渡款式的嵌入爐，到現在常見的檯面爐、不見火的IH爐與電陶爐等，用以搭配整體廚具設計潮流而呈現多元組搭面貌。近來因應老齡化與安全趨勢，推出防空燒定時裝置、爐心感溫棒定溫烹煮等，讓料理環境更有保障。

瓦斯爐種類比較表格

項目	特色
檯面式	點火開關設置於爐具面板上，調整火力時無需彎腰，使用上較為便利。檯面爐多為 80cm、90cm，規格較為統一，不同品牌替換時較不會出現尺寸誤差。
嵌入式	嵌入爐要特別注意尺寸，因為需在爐具上挖洞嵌入，開關位於設備側邊，優點為檯面縫隙小、容易清潔，屬於傳統台爐與檯面爐的過渡款式。
IH 智慧感應爐	IH 感應爐亦稱高功率電磁爐，比一般吃火鍋的電磁爐輸出功率更高，導熱效能為爐具中最好、可達到 80%，搭配平底、可導磁的金屬鍋，仍能輕鬆進行料理工作；烹煮後可馬上清潔，使用更方便。
電陶爐	使用電圈加熱表面玻璃面板達到發熱效果，導熱效率較 IH 爐低、高於瓦斯爐，可使用任何材質的平底鍋。加熱時周遭玻璃溫度極高，使用時須格外注意。

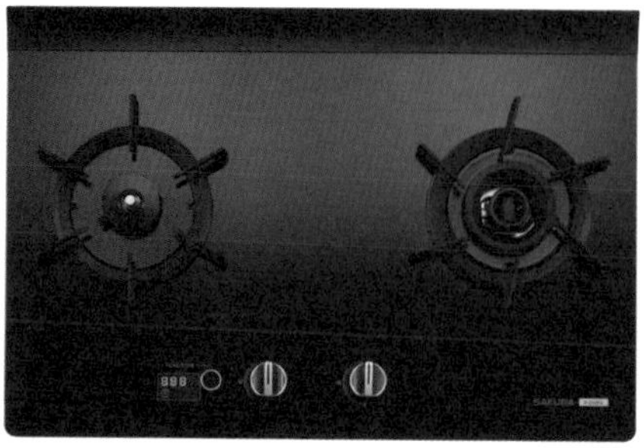

圖片提供：台灣櫻花

檯面爐

點火開關設置於爐具面板上，調整火力時無需彎腰，使用上較為便利。檯面爐多為80cm、90cm，規格較為統一，不同品牌替換時較不會出現尺寸誤差。

怎麼挑

Point 1 裝設檯面式爐具時，只要在廚具上挖一個洞即可，在不重新整修廚房的前提下，舊換新、維修皆相當方便，是目前最常見的爐具款式。

Point 2 選擇強化玻璃天板的爐具，使用鍋子直徑最好不要超過28 cm，總重量不超過15 KG，降低周圍玻璃溫度過高造成的危險。

Point 3 最好選擇銅製爐頭，不僅導熱性佳、防鏽耐用。一般鋁合金則容易氧化變型。而爐架則要選鑄鐵材質，鋁合金燒久表面會變白、容易斷裂。

費用怎麼算

以台計價。檯面爐價位大約介於NT. 7,800～NT. 36,000元之間，視品牌有極大落差。

圖片提供：登美廚具

嵌入式瓦斯爐

嵌入爐要特別注意尺寸，因為需在爐具上挖洞嵌入，開關位於設備側邊，優點為檯面縫隙小、容易清潔，屬於傳統台爐與檯面爐的過渡款式。

怎麼挑

Point 1 裝設時因為開關仍位於側邊立面，下方的廚櫃門板便需預留容納空間才能下嵌，讓操作檯面符合使用高度。

Point 2 不鏽鋼天板耐撞但容易刮花，強化玻璃美觀好清潔，但有重量限制與怕撞擊，挑選符合自己烹調習慣的材質才能用的順手。

Point 3 國家標準規定湯汁溢出導致熄火、點不著時爐具時應該自動切斷瓦斯，避免瓦斯外漏發生氣爆危險，若沒有此項防護措施便為不合格產品。

費用怎麼算

以台計價。嵌入式瓦斯爐價位大約介於NT. 4,900～NT. 13,300元之間，視品牌有極大落差。建議售價含基本安裝費，耗材與運送費用可能需要另外計算。

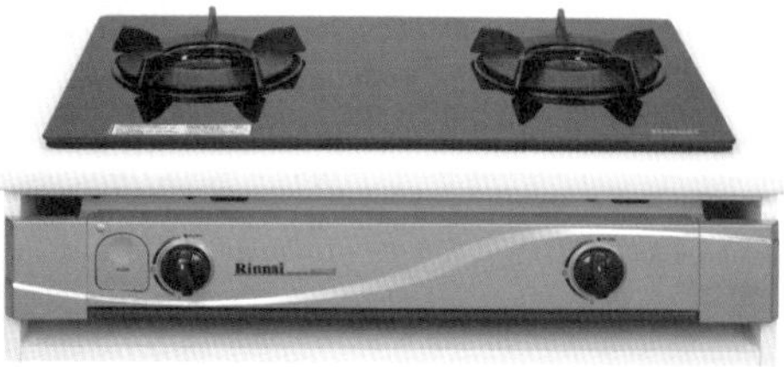

圖片提供：台灣林內

IH智慧感應爐

IH感應爐亦稱高功率電磁爐，比一般吃火鍋的電磁爐輸出功率更高，導熱效能為爐具中最好、可達到80%，搭配平底、可導磁的金屬鍋，仍能輕鬆進行料理工作；烹煮後可馬上清潔，使用更方便。

怎麼挑

Point 1 IH爐有鍋具限制，需使用可導磁的金屬鍋具，例如現在最夯的鑄鐵鍋、琺瑯鍋，像銅鍋就無法在IH爐上起作用。

Point 2 建築法規規定，除非有防火隔間區隔，50公尺以上建築不得使用燃器設備，避免救災困難，令IH爐成為高樓最佳選擇。

Point 3 因發熱原理關係，只有鍋具溫度會提高，周圍環境並不會隨之升溫，但相對的，一旦鍋具離開爐面，便失去加熱效果。

費用怎麼算

以台計價。IH智慧感應爐價位大約介於NT. 10,300～NT. 98,000元之間，視口數與品牌有極大落差。

圖片提供：博世家電

電陶爐

使用電圈加熱表面玻璃面板達到發熱效果，導熱效率較IH爐低、高於瓦斯爐，可使用任何材質的平底鍋具。選購時要注意，電陶爐的功率，以及功能鍵是否順手、指示是否清楚易懂，另外，安裝電陶爐時，流理檯上部的牆和靠近爐具的壁面必須是耐熱材質，而且要有良好的通風，確保入氣口和出氣口不被堵塞。

怎麼挑

Point 1 電陶爐加熱時，整個玻璃表面皆會呈現高溫，除了烹調同時不可觸碰，料理玩仍要等一陣子降溫才可進行清潔，要注意隔離小朋友避免發生危險。

Point 2 加熱速度與降溫速度都比較緩慢，與瓦斯爐相同、周圍區域皆能感受到熱度提升。

Point 3 若想使用紅銅鍋具、砂鍋等鍋具烹調，又只能裝設電熱型爐具，電陶爐便是最佳選擇。

費用怎麼算

以台計價。電陶爐價位大約介於NT. 8,900～NT. 39,000元之間，視口數與品牌有極大落差。

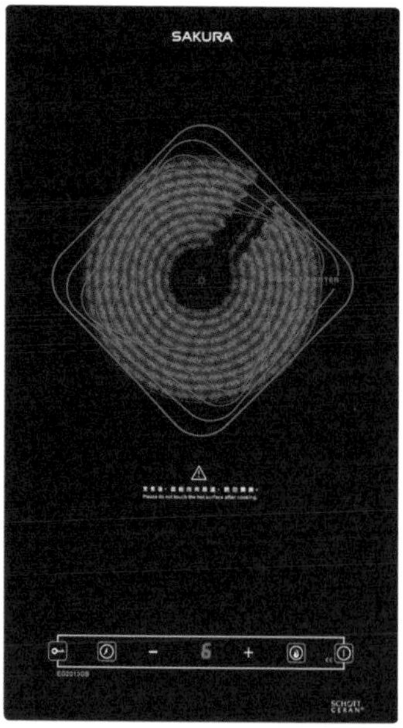

圖片提供：台灣櫻花

洗碗機

比手洗乾淨還省錢！洗碗機的環保節能攻略

長時間的烹飪、與家人愉快的用餐，最後還得苦哈哈地洗刷碗筷做結嗎？洗碗機從最初單純省時間的概念，現在已經演進到具備省水、省電、比手洗更乾淨與高溫殺菌等多重附加價值，在重視環保與食安的現在，儼然成為廚房必須擁有的電器設備一員。

洗碗機種類比較表格

項目	特色
獨立式	無需考慮廚櫃尺寸、破壞原有設計以及裝設時的施工費用問題，可以依照需求放置於檯面或廚房的任何角落，適合不想大動土木或是租屋型的人。
嵌入式	分為全嵌式或半嵌式，前者是完全藏於廚櫃門板中，外觀不會看到操作面板；而後者是目前較常見款式，門板可與廚櫃配合、融合成一體，僅露出操作介面。

圖片提供：博世家電

獨立式

無需考慮廚櫃尺寸、破壞原有設計以及裝設時的施工費用問題，可以依照需求放置於檯面或廚房的任何角落，適合不想大動土木或是租屋型的人。

怎麼挑

Point 1 分為45～60cm尺寸，可依照家中人口、洗滌習慣與現有空間大小挑選，保有隨意移動、不動廚櫃的自由彈性。

Point 2 洗碗機的烘乾設計有獨立乾燥設計、熱水餘溫悶烘等方式，現在還有添加沸石強化乾燥效果，達到節能省電、防止悶烘反潮問題。

Point 3 高溫殺菌是將水加熱至60～70度C，有內建的電熱方式，也有引進熱水再加熱、快速達到高溫洗滌效果兩種。

費用怎麼算

以台計價。獨立式下拉洗碗機價位大約介於NT. 36,000～NT. 92,000元之間，視品牌有極大落差。建議售價含基本安裝費，耗材與運送費用可能需要另外計算。

圖片提供：博世家電

嵌入式

分為全嵌式或半嵌式，前者是完全藏於廚櫃門板中，外觀不會看到操作面板；而後者是目前較常見款式，門板可與廚櫃配合、融合成一體，僅露出操作介面。打開方式有常見的下拉門片型與符合人體工學的抽屜型。

怎麼挑

Point 1 無論全嵌或半嵌洗碗機，面板都需與廚具廠商配合，精確丈量尺寸、完美密合才能達到最佳效果，所以需得配合信譽良好的專業廠商。

Point 2 容量通常分為6人~12人份，如果想把鍋子、烤盤、抽油煙機濾網一起放進去洗，那就得考慮大尺寸會比較符合需求。

Point 3 若是想在原有廚房加裝洗碗機，除了衡量大小尺寸是否足夠外，還需加入鑽孔、改管的費用與時間，因此，最好裝修期間一併購入最省事。

費用怎麼算

以台計價。嵌入式洗碗機價位大約介於NT. 25,400～NT. 92,000元之間，視品牌有極大落差。建議售價含基本安裝費，耗材與運送費用可能需要另外計算。

圖片提供：台灣櫻花

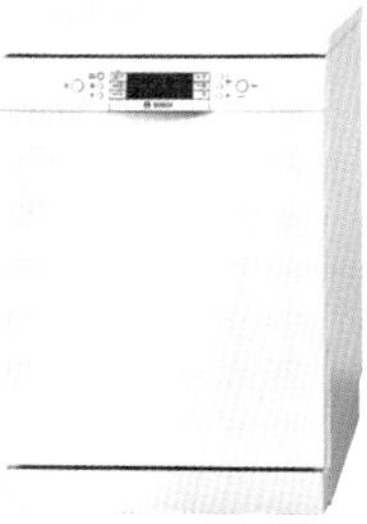

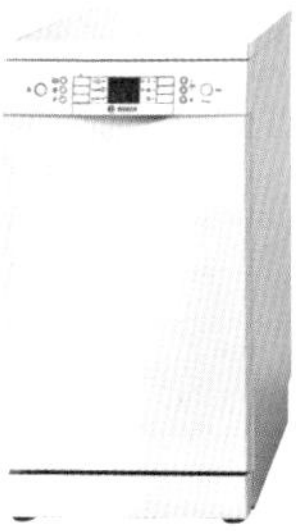

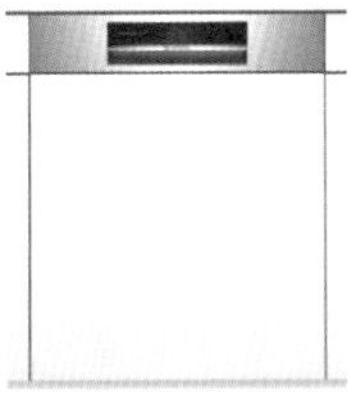

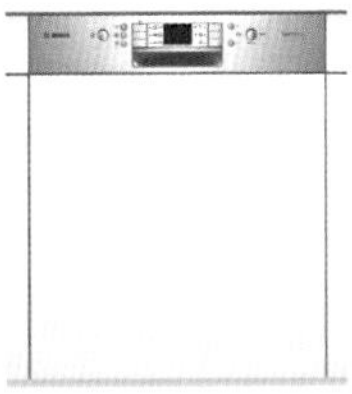

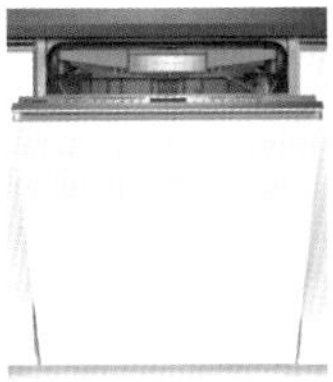

烤箱

無油煙料理王者，複合機能烤箱是科技主流

無油煙料理是目前健康烹調風潮主流，蒸、烤、微波等加熱技術，隨著科學日趨進步做出不同排列組合，屢屢成為市場寵兒。可從預算、料理習慣、喜歡的菜品下手，挑出最適合自己的烤箱種類。

烤箱種類比較表格

項目	特色
嵌入式	具備單一烘烤功能，3D~4D 旋風循環，容量通常是是各類烤箱中最大，歐規烤箱大於 60 公升。
蒸烤爐	是目前最熱門款式，具備蒸、烤、烘培等功能。有分層料理、自動烹煮程式等設計，操作便利，提高家電使用頻率。
微波蒸烤箱	利用微波的快速加熱、解凍優勢，結合蒸、烤機能，效率做出各式不同餐點。三合一機種，可省下不少廚房空間。
爐連烤	由嵌入式瓦斯爐結合下方烤箱的烹調設備，可同時利用相鄰瓦斯管線與抽油煙機。歐美爐連烤配置可烤全雞的大烤箱；日系爐連烤下方則為扁長型烤箱。

圖片提供：博世家電

嵌入型烤箱

歐規內嵌烤箱通常從60 cm起跳，容量幾乎皆大於60公升，是想烤全雞、英式烤牛肉等龐大食材的最佳使用設備；3D～4D旋風循環，令烤箱熱度平均，食材均勻受熱就省去傳統需旋轉的設計。

怎麼挑

Point 1 面板玻璃片數、厚度會直接影響隔熱效果與表面溫度，理論上是厚度越厚越佳。

Point 2 建議選擇內壁為易潔搪瓷材質，讓油汙在高溫時炭化，只要等機體冷卻清除底部碎屑即可。不銹鋼材質需經常擦洗保持清潔；若為電鍍鐵氟龍長期擦下來則會有脫漆疑慮。

Point 2 嵌入式烤箱耗電量大、通常使用220 V電源，最好在規劃廚房時預留專電專插，保障日用多台電器同時使用的安全性。

費用怎麼算

以台計價。內嵌式烤箱價位大約介於NT.17,800～NT.112,000元之間，視品牌、機種等級有極大落差。

圖片提供：台灣林內

蒸烤爐

蒸烤爐具備蒸、烤、烘培等功能，亦可以在烘烤同時加入蒸氣，令食材達到外脆裡嫩最佳狀態。高階機種還能分層料理不同菜餚，蒸蛋、燙青菜信手拈來；烤雞、英式牛肉等大塊肉類時亦可使用探針了解精確溫度，得到符合需求的完美熟度。

怎麼挑

Point 1 部分機種內建自動烹煮程式，可因應食材種類、依照重量評估出最佳時間、溫度行程，大幅簡化使用難度，方便沒經驗的使用者能一裝機就上手、無需磨合時間。

Point 2 內壁材質關乎於日後清潔難易度，高階機種具備EcoClean Direct的自清功能；若為不繡鋼腔體就得在烹調完畢後使用內建清潔功能後、再進行擦拭，保持機體乾淨。

Point 3 裝設時需預留後方約10cm散熱排氣空間，不能直接觸碰相鄰區域；內建水箱需加入純水、蒸餾水，避免水垢產生。

費用怎麼算

以台計價。蒸烤爐價位大約介於NT. 10,000出頭～NT. 136,000元之間，視品牌、機種等級有極大落差。

圖片提供：博世家電

微波蒸烤箱

廚房坪數有限，多功能合一能省下不同烹調電器所需空間，成為現在機種合體的大勢所在。微波蒸烤爐兼具三種機能，可透過自動烹調功能設定，結合微波加熱的快速特性，效率做出不同餐點。

怎麼挑

Point 1 多功能設計導致微波蒸烤箱在各式烤箱中容量較小。烘烤方式為上火＋炫風，無下火設計，搭配微波快速解凍、加熱。挑選時要先了解自己使用需求再做選擇。

Point 2 不能裝設於壁櫃，除了前方出氣孔排氣外，亦需留後方散熱空間。

Point 3 外置水箱設計，加水時可以免開門、減少熱源散溢，保持內部食材料理溫度。

費用怎麼算

以台計價。微波蒸烤箱價位大約介於 NT. 45,700～NT. 155,000 元之間，視歐美、日系品牌有極大落差。

圖片提供：台灣櫻花

爐連烤

由嵌入式瓦斯爐搭配下方烤箱的型式。歐美爐連烤配置大烤箱；日系爐連烤下方烤箱為扁長型，多用於烤魚、牛排等食材，若有大容量需求可再加裝瓦斯烤箱。建議依照使用習慣挑選。

怎麼挑

Point 1 日系爐連烤的下方烤箱可視為瓦斯型的內嵌小烤箱，能省下獨立烤箱空間，同時具備自動設定、雙面烤的功能。

Point 2 台灣爐連烤並不多見，價格普遍較高，所以除了挑選自己需要的功能之外，找到有信譽的維修廠商格外重要。

Point 3 日系爐連烤是以瓦斯為主的耗能方式，較電烤箱節能有效率，所排出的油煙能順著排油煙機一起排出；排煙蓋、烤架、滴油盤可於每次烤完放進洗碗機清潔，解決油垢、異味問題。

費用怎麼算

以台計價。爐連烤價位大約介於 NT. 39,800 ～ NT. 129,000 元之間，視歐美、日系品牌有極大落差。

圖片提供：台灣林內

POINT 6.

正確規劃廚櫃，鍋碗瓢盆不再亂糟糟

廚櫃可依照收納的區域分為：底櫃、上櫃和高櫃，目前底櫃的趨勢是除了水槽下以對開門片設計，其餘大量運用抽屜收納，但要注意軌道的承重與品質，上櫃則是不同以往做滿吊櫃，局部以搭配開放層板更有生活味道，高櫃的種類更加多元，建議依照空間尺度與需求，讓高櫃的配置更為合理好用。

□考量重點 Check List

底櫃：

1 建議多運用抽屜收納，結合不同的分隔系統，以及高度的規劃，就能輕鬆收納刀叉、碗盤與鍋具。

2 側拉藍可收納烹調時經常使用的調味料等瓶罐，規劃於爐檯下方左右兩側，同時亦有大小尺寸分別。

3 常見於ㄇ字型和 L 型廚房的轉角收納櫃，層板櫃在取用上仍有不便之處，若預算許可的話，建議以 360 度轉盤規劃，可完全拉出使用。

上櫃：

1 開放層板式收納的好處是，能清楚看見擺放的鍋具、廚房道具，兼具有展示的效果，但也比較有落塵的問題。

2 門片式層架適合喜歡乾淨俐落空間感的使用者，若擔心視覺上過於壓迫，可局部搭配層板運用，廚房立面更有變化與豐富感。

3 升降式的優點是無須花太大力氣就能拿取櫃內物品，但價位相對也比較高。

高櫃：

1 應留意整體的空間規劃，依照自己的需求來選擇高櫃呈現的形式（一字型、L 型），不同的高櫃配置相對也會影響檯面可使用的長度。

2 高櫃的櫃體也會依據功能面的不同而有所變化，像是功能性高的電器高櫃、便利取向的五金高櫃或是以收納為主的層板高櫃等。

底櫃

根據收納習慣選配件、軌道，才能好開好拿

廚具收納的底櫃泛指檯面下的廚櫃空間，最常見的規劃包括抽屜、側拉籃和轉角櫃，抽屜的選擇主要依據鍋具的種類與尺寸做搭配，轉角櫃則是使用於L型或ㄇ字型廚房。

底櫃種類比較表格

項目	特色
抽屜	抽屜收納的特色是可以完全拉出，拿取深處的物品也很方便，而且透過不同的分隔系統，可以讓鍋具碗盤收得更整齊。
側拉籃	專門用來收納廚房內的調味料等瓶瓶罐罐，因此一般規劃在爐具下的左右兩側。
轉角櫃	可幫助原本難以利用的轉角空間，增加 20 ～ 30％的收納，有多種形式可供選擇。

圖片提供：雅登廚具

抽屜

底櫃下通常搭配抽屜收納，並依據爐台區、水槽區做不同物件的存放，像是爐台區下方一般配置湯鍋、平底鍋等各式鍋具，工作平檯下方則是以調理器具、保鮮膜等廚房常用道具為主。

怎麼挑

Point 1 抽屜收納最重要的就是滑軌，隱藏式鋁抽常被運用在廚房中，鋁抽又分低抽、中抽、高抽，藉由增加桿子創造出不同的使用空間。

Point 2 一般抽屜的前抽板都會搭配門板材質，有些進口品牌亦有不同抽屜側板的選擇，包含玻璃側板、塑鋼側板，玻璃側板的優點是，抽屜打開後可以感受內部的空間性，而塑鋼側板則可以遮擋抽屜內部物件的凌亂感。

Point 3 底櫃下的抽屜櫃選擇主要在於依據收納習慣挑選適合的分隔系統，日系品牌講究分區收納概念，德國品牌特色是具備器具的收納配件，甚至能透過橫向分隔板上下移動進行收納空間調整，而分隔板的材質更多達鋼製、橡木、塑料、山毛櫸供選擇。

費用怎麼算

底櫃的費用根據門板材質、選配的五金軌道而有費用上的落差，價格可從數千元至上萬元不等。

圖片提供：弘第 HOME DELUXE

側拉籃

主要規劃擺放各式調味料等瓶瓶罐罐，為了烹調時能就近順手取用，因此通常放在爐台邊，至於要放置在左側或右側則依據使用者的習慣，亦有不同寬度與高度的尺寸選擇。

怎麼挑

Point 1 側拉籃的寬度依據品牌有不同尺寸可選擇，國產品牌一般是15、20、30等，進口品牌包含區分為15 cm以及30 cm兩種，高度上也有差異，可依據習慣擺放的瓶罐器具做挑選。

Point 2 台製的側拉籃軌道通常適用三節式軌道，拉取上較不順手，進口軌道的金屬製成技術和軌道耐用性一般是主要特點，選擇時可多加注意。

Point 3 側拉籃的材質有不鏽鋼鍍鉻跟黑鐵鍍鉻，黑鐵鍍鉻比較便宜，不鏽鋼費用較高，建議選擇不鏽鋼材質，若有醬料、油品滲漏較為耐用。

費用怎麼算

以組計價。側拉籃架依據尺寸、軌道是否有無緩衝或是三節式軌道，以及品牌等因素，從國產僅NT. 1,500元至數千元不等。

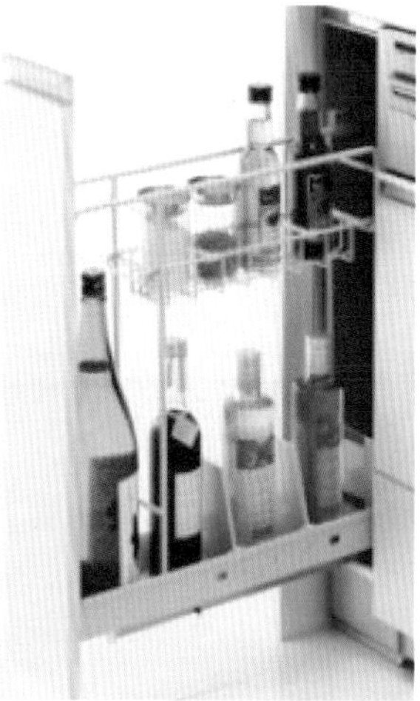

圖片提供：竹桓

轉角櫃

主要是針對難以規劃的轉角空間，衍生而出的各式轉角收納櫃，種類包含層板櫃與各式轉角小物怪、轉盤，能增加收納空間，雖然一般常用於底櫃，但高櫃若遇到轉角也可以使用。

怎麼挑

Point 1 轉角櫃包括層板櫃、蝶型轉盤櫃、360 度轉角轉盤櫃、轉角櫃推車幾種，層板櫃的特色是收納容量最大，但最深處會有較難拿取的問題，360 度轉角轉盤櫃，是這三種當中拿取物品最方便的。另外，日系品牌更研發轉角用活動推車，可以推到任何空間使用，擁有強大的收納，轉角內的清潔也是不費吹灰之力。

Point 2 可依照著重收納量或是方便拿取為考量，挑選最合適的轉角五金。

Point 3 不同的廚房空間大小，會有不同尺寸的轉角櫃型，在選擇轉角五金時，會受限於空間，建議和專業廚具廠商溝通討論。

費用怎麼算

以組計價。轉盤約 NT. 3,500～4,500 元。小怪獸約在 NT. 7,000～8,000 元左右。大怪獸則約 NT. 20,000 元以上。

圖片提供：竹桓

上櫃

根據取用物品的習慣，打造完美收納

上櫃包括常見以簡單層架搭配開門式設計的吊櫃，不過近期有更多廚房收納是利用開放式層板，對於小廚房來說可以降低視覺壓迫，常用的餐具鍋具取用也更為便利，另外若預算足夠，對於身材嬌小或是銀髮族來說，升降式吊櫃反而實用。

上櫃種類比較表格

項目	特色
門片式層架	一般俗稱吊櫃，內部是簡單的層架，可以獲得極大量的收納空間，門片的開啟方式亦有多種選擇。
開放式層板	以俐落的層板取代吊櫃，能減少視覺壓迫，讓空間的延展通透性更好，而且收納物品能一目了然，方便使用。
升降式	區分為手動、電動升降吊櫃，輕鬆往下拉就能拿取物品，

圖片提供：弘第 HOME DELUXE

門片式層架

是廚具吊櫃最常見、費用較低的做法，藉由適當的層板規劃，能達到收納空間極大化，也能一併利用廚櫃將抽油煙機隱藏起來，讓櫃體更具整體性。

怎麼挑

Point 1 層架基本上以食物、備品的收納為主，為了不影響下方工作區的使用，層架深度大多只會做到45公分左右，太深反而會撞到。

Point 2 吊櫃與廚具檯面一般需要留到60～70公分的高度落差，至於是否至頂規劃則依每個人的使用需求為主，有些甚至也利用冰箱上方規劃廚櫃。

Point 3 吊櫃的門片開啟方式包括平開門、平行滑軌、上掀等作法，但若是身高較嬌小的使用者，建議選用電動式門板或是平開門的設計，否則一旦門片開啟後反而難以拉下關闔。

費用怎麼算

一般系統櫥櫃以尺寸計價。並根據搭配的門板、門片開啟方式，具有價格上的落差。進口廠商則是以品牌原廠專有的系統軟體計算價格。

圖片提供：實適空間設計

plus＋門板開啟方式

吊櫃一般裝置於櫥櫃的最上層，在規劃時也會考量到使用者雙手的活動範圍，主要用途為延伸該區的可利用範圍，提升空間的使用效率。在門板開關的部分，也會依照廚房的空間規劃，配置相符的開門設計。

種類有哪些

Kind 1 手動向上／向左／向右：以慣用手做門板開關的動作，是目前常見的開關模式，通常會搭配無把手型式。

Kind 2 平行滑軌：以滑推代替開門的模式，優點為開啟後的門板不會佔用額外的空間，也不會有碰撞的疑慮。

Kind 3 電動向上：輕壓門板即可向上開啟，除了節省開關的力氣，門板也不會因離天花的距離太近而相互碰撞。

Kind 4 上掀摺疊：門板會以摺疊的方式開啟，開啟後門板的停止高度可依雙手觸及的範圍決定。

圖片提供：弘第 HOME DELUXE

圖片提供：弘第 HOME DELUXE

圖片提供：弘第 HOME DELUXE

門板開啟方式

手動

向上 / 向左 / 向右

1 以慣用手做門板開關的動作
2 目前常見的開關模式
3 通常搭配無把手型式，讓整體設計更為簡潔

平行滑軌

1 以滑推代替門開的模式
2 開啟後的門板不會佔用額外的空間
3 不會有碰撞的疑慮

電動

向上 / 上掀

1 輕壓門板即可向上開啟
2 節省手動開關的力氣
3 門板不會因離天花的距離太近而相互碰撞

摺疊上掀

1 門板會以摺疊的方式開啟
2 開啟後門板的停止高度可依雙手觸及的範圍決定
3 可電動闔合

開放式層板

相較一般門片式層架的做法，開放式層板近期越來越受歡迎，對於格局規劃來說，層板打破傳統櫃體方正的設計，省略門板能減少視覺壓迫，更增添的通透俐落感，在於取用上因為一目了然也更好拿取使用。

怎麼挑

Point 1 開放式層板多數以塑合板為基材，外層則可選擇美耐板、實木貼皮或鋼琴烤漆等處理方式，另外亦可選擇鐵件烤漆的做法，視覺上更為輕盈俐落。

Point 2 層板下方建議增添照明設備，使通透的空間帶點明亮，營造獨特的個人風格，也可成為檯面的輔助燈光。

Point 3 層板的寬度，可搭配下方櫃體配置出相符的格局，創造空間基準線，使整體更顯一致。

費用怎麼算

層板的費用依據材質價格從數百元至上千元不等，若要增加照明還得額外計費，若預算有限的話，建議可選購現成層板。

圖片提供：十一日晴設計

升降式

主要解決上櫃物品難以拿取的問題，電動升降吊櫃只要碰觸一個按鈕，就能輕易地讓壁櫃自動升降，無須花費任何力氣，手動升降吊櫃則是透過手動下拉，即可輕鬆拿取上櫃的物品，徹底活用廚房的空間。

怎麼挑

Point 1 手動升降吊櫃附有可依照收納物品重量調整手拉力道的機能。藉由拉下收納架，輕鬆收納、取用高處的食材與烹飪器具。另外亦有直立下拉式的吊櫃，活用後方不易使用的空間作為調味料架、瀝水架使用，不用的時候可以完全收起，廚房空間乾淨俐落。

Point 2 進口電動升降吊櫃寬度基本有90、120、135公分可選擇，功能也可依照需求選擇不同類型，包含烘碗機型、小物收納型和瀝水盤架型，比起國產的固定懸掛式烘碗機，使用便捷性高出許多。

費用怎麼算

升降式吊櫃根據手動、電動，以及國產與進口品牌有極大的價格落差，國產平價款大約2萬左右，日系品牌電動升降約12～15萬左右，但又根據尺寸、類型產生價差。

圖片提供：竹桓

高櫃

分層分類概念，創造大容量收納

高櫃的特色就是可以分層分類管理，市面上常見的高櫃可分成側拉、對開門片式的層板收納、內抽型收納，不論是哪種形式，高櫃具有超大容量的分層收納容量，可以讓各式罐頭乾貨、未開封的調味料茶包等分門別類存放。

高櫃種類比較表格

項目	特色
側拉收納	為隱藏式櫥櫃設計，利用側櫃垂直空間規劃出的收納層架，可放置鍋碗器具或食材乾貨。
層板收納	為市面上常見的收納方式。以層板架平行區隔櫃內空間，可在架上擺設器皿物品。
內抽收納	也是市面上常見的收納方式。以內抽代替層板區隔櫃內空間，可在架上擺設器皿物品，需拿取時再將內抽拉出，更增添便利性。

圖片提供：弘第 HOME DELUXE

側拉收納

是尺寸上較高的櫥櫃，常見於廚房轉角處或是廚具兩側處，由於尺寸較高，收納量大也能儲放較多的東西。通常是直拉抽取出來較多，裡頭會搭配不同的盤籃、網籃等，可用來收納乾貨、雜糧、零食……等，通常高身櫃都會做全開式，一目了然且方便拿取各式存放物品。

怎麼挑

Point 1 側拉收納寬度每家品牌不盡相同，大約可分為40 cm、50 cm、60 cm等，可依據廚房空間、需求做選擇。

Point 2 側拉收納的側板材質不一，有玻璃、木質、塑鋼、鋁板等選擇，玻璃側板的通透性佳，也能完整看見收納物品，木質側板則具有溫暖感。

Point 3 須注意承載重量，不同寬度、以及五金有其承重限制，如果過重的話，可能會無法順利拉出。

費用怎麼算

以組計價，並依照品牌、軌道種類、材質等有價格上的差異。一組側拉約在NT. 40,000以上。

攝影：江建勳 產品、場地提供：寶豐國際有限公司

層板收納

屬於高櫃當中最常見的收納方式，透過層板架的平行規劃去區隔廚櫃內的空間，並於層板架上收納器皿物品。

怎麼挑

Point 1 開如果廚房空間足夠，可設置一組以對開門片開啟的層板收納，內部預留小家電的層板高度，也有結合小家電櫃的功能。

Point 2 層板架的底部可安裝照明，打開櫃內拿取物品更為方便。

Point 3 除了單純的層板收納，也能彈性依據需求搭配內抽，讓物品擺放更為整齊，降低凌亂感。

費用怎麼算

以組計價，並依照品牌、層板分隔設計、材質等有價格上的差異。

圖片提供：弘第 HOME DELUXE

內抽收納

利用內抽方式取代層板去區隔櫃內的空間，使用概念類似抽屜，可在架上擺設器皿物品，需拿取時再將內抽拉出，更增添便利性。

怎麼挑

Point 1 內抽收納做法選擇還有籃架、盤籃，籃架即本身帶有鏤空網格，非屬一完整平面，物品在擺放時容易出現東倒西歪的情況；盤籃其收納面為面狀，擺放東西不易翻倒、掉落，也很好清潔。

Point 2 內抽收納有不同材質可選擇，包含前抽與側板皆為玻璃，或是一般普遍的塑鋼，前者的好處是更能一目了然看清楚收納的物件。

費用怎麼算

以組計價，並依照品牌、內抽材質等有價格上的差異。

圖片提供：弘第 HOME DELUXE

plus ＋特殊高櫃

除了一般常見的高櫃收納規劃，近來高櫃的發展也越來越多元化，像是將櫃內劃分前後兩區的收納設計，解決深處難以拿取的問題，另外還有最令主婦們困擾的鍋蓋、烹調器具，也有專屬的收納解決方案。

種類有哪些

Kind 1 鋁合金收納框架：利用櫃內深度將收納空間分成前後兩區。前區為一件輕巧的鋁合金收納框架裝置，此框架配合特殊五金角鏈安裝於門板後，可隨意轉動角度、置物架軌道也可調整適當高度。後區則是位於鋁合金框架後方的櫃內層板空間，在開啟門板以後，能夠不費力取得放置較深處的物品。

Kind 2 烹調器具收納：常規劃於深抽高櫃，內部可根據不同需求搭配出三種不同高度的收納空間。一般會設置五金置物架可吊掛鍋蓋或烹飪器具，同時配備深抽來置放小家電或食物調理機等，將櫥櫃空間充分利用。

圖片提供：弘第 HOME DELUXE

Kind 3 旋轉收納：運用櫃體的深度裝置的可旋式收納架，除了配合層板收納外，收納架也可放置佐料品或食材乾貨等，充分利用櫃體空間。

圖片提供：弘第 HOME DELUXE

CHAPTER 3.

實用與美感兼具的
廚房實例全面解析

Point1. 無油煙型廚房

Point2. 熱炒型廚房

Point3. 多元料理型廚房

POINT 1.

無油煙型廚房

□無油煙型廚房規劃要點

1. 中島式廚房最好裝修時妥善規劃

考量到中島式廚房位置置中，比一般廚房會面臨更多抽油煙機吊掛、空氣流動、排煙管裝設路徑等問題，也得在廚房整修時重新通盤設計，做好管線不外露、良好的排油煙計畫，日後才能達到美觀與實用兼具效果。

2. 材質耐用、混搭打造獨特風格

無油煙開放式廚房通常與客廳等公共區域比鄰，外型需融入全室設計當中，材質更得擁有防水、耐刮、耐高溫諸多條件，例如以大理石檯面混搭木紋美耐板餐桌，或是深色可樂石搭配杉木實木，藉由不同質的變化，讓廚具更具個性味道。

3. 了解特性再挑選適合爐具

受限於消防法規，大樓高樓層現在常見的無明火廚房多半使用 IH 感應爐或電陶爐，加熱效率高、造型美觀，也常見於輕食廚房或中島作備用爐具。前者有鍋具的限制、需用導磁金屬材質平底鍋；後者則是使用後整個面板都會過熱，安全上需格外小心。

4. 層板、吊桿以不鏽鋼材質為主

若無油煙廚房不夠大，但又渴望有充足的收納設計時，建議可以層板、吊桿來應對，其中層板、吊桿的材質可盡量以好清洗、耐火水的不鏽鋼為主，輔以不容易留下刮痕的毛絲面樣式，讓收納更添質感。

5. 中島檯面越大越好

因為規劃無油煙型廚房的居家輕食或是蒸烤、燉煮食物居多，電器使用的順暢度十分重要，一般會位於中島檯面的後方或左方較好放置與拿取，此外如果常烘焙，檯面則越大越好，方便放置器具與桿麵等動作進行。

6. 烘焙中島選用石材檯面

如果家中有在烘焙麵包或是製作甜點，中島檯面建議可以選用石材或不鏽鋼檯面，因為不易蓄熱、導熱，影響食物溫度，在拍打、揉麵甩麵時也不會發出太大聲響影響其他人的作息。特別是製作巧克力甜點一定是使用大理石，但要選擇結晶體較硬的種類，比較不易吃色。

7. 注意電器的安裝電壓

無油煙廚房或烘焙廚房常會使用大量的電器，這時烤箱、蒸爐、微波爐等電器，裝設時需注意電器電壓為 110V 或 220V，並確認插座電力是否能夠負荷。

8. 電器櫃整合且預留散熱空間

無油煙廚房所需要的大量電器設備，可透過櫃體整合來因應，同時要注意必須做散熱設計，背板和牆壁之間預留大約 10 公分左右的散熱。

9. 機能簡化清潔自然容易

除了選擇輕食、無油煙型料理外，建議也可透過將機能簡單，像是中島檯面僅雖在檯面下做抽屜收納，檯面上維持乾淨，如此一來清潔容易，也較好維護整體的整潔。

10. 抽油煙機可選搭載除味功能款式

若本身真的很在意烹調時所產生的油煙問題，除了保持通風，選擇吸力強的抽油煙機之外，也能看看機種中是否含有除味的附加功能，料理完後開啟，能幫助淨化廚房空間並排除餘味。

講究設備與料理動線，2人下廚宴客更好用

有豐富旅行經驗、也曾在美國生活過的夫妻倆，幾乎是天天下廚，更喜歡接待朋友來家裡聚會，於是餐廚空間成為此次設計的一大重點。原始窩在角落的廚房往廳區挪移且開放，一方面創造屋子的通風對流，並採取ㄇ字型廚房妥善安排屋主需求的家電設備，例如爐連烤、紅酒櫃、蒸爐，接續著兩側廚具的使用動線上，料理更為順手，ㄇ字型廚具一側則加上南非柚木平檯，創造出輕食吧檯、備餐檯等用途，讓機能完善的廚房成為家人、朋友歡聚的美好場域。

廚房形式： ㄇ字型＋吧檯

使用者需求： 每天都會下廚，也經常有宴客的需求，對於廚房道具、器皿十分講究質感。

收納／水槽後方嵌入水晶杯展示架，讓各式啤酒杯、紅酒杯能有專屬的收納空間。

材質／廚房壁面飾以藍色釉面手工磚，與廳區的藍綠冷調相互呼應，檯面則是天然花崗岩石材，搭配南非柚木中島，注入自然質感。

尺寸／考量宴客時約莫有2～3人使用廚房，ㄇ字型廚具的寬度預留110公分，2人轉身共用也十分舒適。

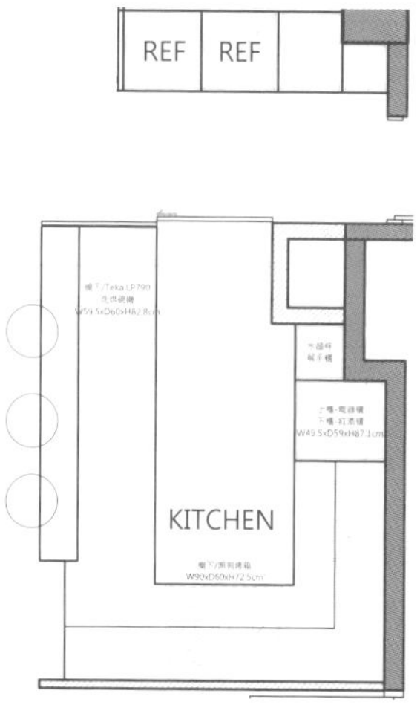

圖片提供：水相設計

粉紫菱格妝點溫柔女子輕食廚房

打破原有密閉格局，將廚區轉向、以中島型式重新規劃，利用人造石與木皮桌面高低落差檯面，銜接水槽、IH感應爐、洗碗機等設備。此外，設計師特別從中島型抽油煙機延伸出同一水平高度的不鏽鋼收納吊架，簡化量體線條，增加上方收納空間與照明功能。除了後方冰箱與電器櫃，側邊牆面的洞洞板更可供女主人擺放瓶瓶罐罐、食譜或裝飾小物，為廚房規劃增添使用彈性。

廚房形式：一字型＋中島工作檯

使用者需求：融合女主人喜愛的暖粉色系，打造出美觀與實用兼具的輕食廚區。

收納／從中島抽油煙機延伸出同水平不鏽鋼層架，增加空間收納與照明機能。

設備／中島底座以灰、白、紫菱格磁磚拼貼而成，呼應女主人喜愛的紫色、粉橙座椅，成為此區視覺主景。

材質／廚房木紋平台兼具工作檯面與餐桌功能，平台面選用防水的美耐板材質，側邊則包覆實木皮，提升整體視覺質感。

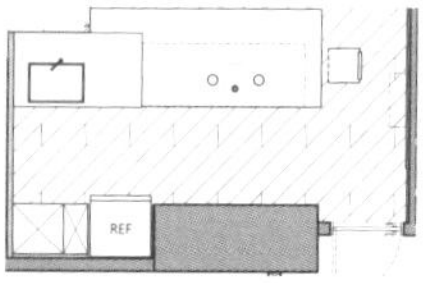

圖片提供：新澄設計

以黑灰白打造時尚廚房

因為屋主希望打造具有設計感的居家，設計師全室以黑白作為空間主調，並延伸至餐廚區，料理檯以黑色展示並搭配白色餐桌，而不鏽鋼檯面與白鐵餐椅相互搭配，料理檯壁面上則嵌入鐵製層板放置酒杯與調理瓶罐，綠色盆栽則為冷冽色系中增添自然氣息。

廚房形式：一字型

使用者需求：以輕食料理為主並且希望滿足設計感。

設備／為符合空間設計，廚房家電如：電鍋、果汁機、熱水器、咖啡機等都選用具設計感，黑色或銀色的產品，擺出來也很時尚。

材質／料理檯面選用不鏽鋼檯面，抗菌好清理且能營造設計感，並於壁面嵌入鐵製層板放置酒杯與調理瓶罐。

尺寸／一字型料理檯長258公分寬62公分並依洗滌、處理、烹煮三點分配；而料理檯與餐桌之間則保有110公分的迴旋空間。

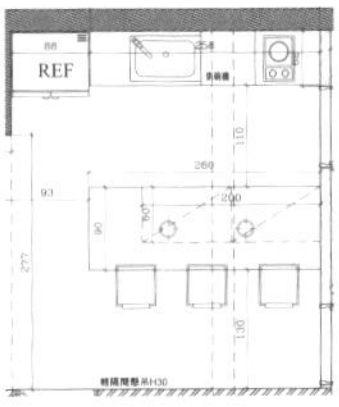

圖片提供：三倆三設計事務所

陳列型收納，打造白色輕食廚房

20餘坪的舊屋翻新，將其中一小房、以及廚房隔間拆除，擴大餐廚區域的空間感，也讓兩者的結合性更高，開放後的廚房採取最省坪效的一字型廚具規劃。此外，為了避免料理檯面過於侷促，加上屋主對於電器需求量不高，最後決定利用窗邊平檯施作抽屜櫃的方式，整齊收納在檯面更好使用，而水槽右上壁面的木作平檯，則做為杯盤用品的陳列，展示屋主的生活品味。

廚房形式：一字型

使用者需求：屬於輕食料理習慣，沒有太多電器的使用需求，但小朋友的奶瓶消毒鍋需要好收好用的空間。

收納／利用窗邊平檯規劃85~90公分左右的抽屜櫃，取代一般電器高櫃，符合檯面型家電，如水波爐、奶瓶消毒鍋的收納，操作高度也十分舒適。

材質／延伸屋主對白色系的喜愛，廚具門板以霧面白做搭配，立面壁磚則是運用長型磁磚拼貼，創造出兩種不同層次的白色質感。

尺寸／一字型廚具長320.5公分，水槽右側保留約40~50公分的檯面，讓備料空間更為寬敞舒適，也可暫時放置取出的食材。

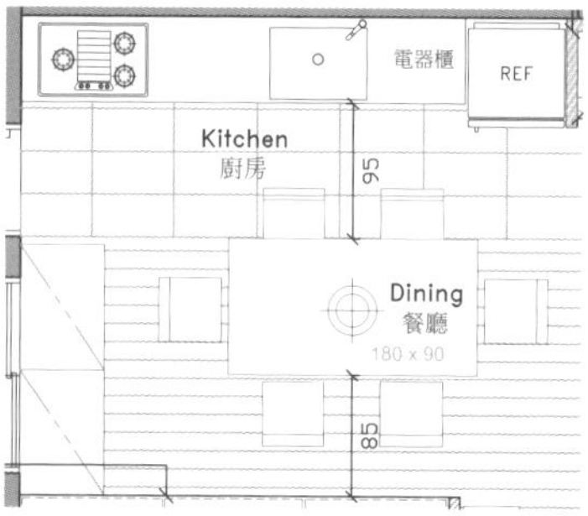

圖片提供：十一日晴空間設計

延伸檯面、水槽移至中島，料理動線舒適寬敞

以藏傳佛教為生活核心的夫妻倆，希望能將信仰與居家生活結合，且餐廚空間是朋友聚會經常圍繞的角落，於是設計師將原有封閉的廚房予以開放，牆面刷飾自然質樸的礦物塗料，有如朝聖時經過的土炕屋子，並自收藏的觀音湘繡擷取藍色鋪陳廚房壁面，彷彿宮殿內的石板步道，配上帶有神秘感的黑色圓弧吊燈，勾勒出寧靜祥和的氛圍。在於廚具規劃上，則延伸原有建商配置的L型檯面，並讓水槽移至中島上，增加工作檯面的使用，也使動線更為舒適寬敞。

廚房形式：L型+中島

使用者需求：屬於簡單的烹調，但喜歡邀約朋友到家裡聚會。

收納／將廚房隔間打開後，冰箱收納得以連結廚房，使用動線更流暢。中島外側擁有約20公分深的抽屜，可擺放屋主收藏的各式馬克杯。

材質／冰箱右側壁面為琺瑯板，主要作為遮擋電錶箱，也方便打開維修。

尺寸／因應廚房尺度的關係，中島深度約80公分，靠外側部分內縮設計，當朋友聚會時即可增加座位。

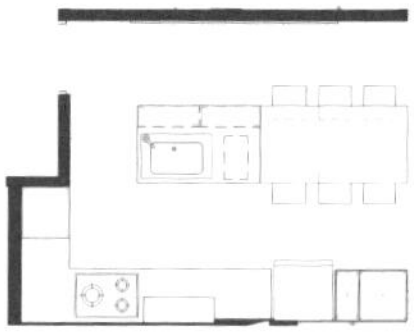

圖片提供：FUGE 馥閣

中島結合餐桌，增加收納也節省空間

封閉一字型廚房是新成屋最常見的配置方式，卻往往也大為犧牲了空間感。由於居住成員只有夫妻兩人，加上平常下廚頻率不高，就算有做菜也是屬於輕食無油煙的方式，於是設計師將隔間取消，透過L型中島檯的設置規劃，與餐桌一併整合，一方面也捨棄天花板施作，創造寬敞舒適的空間感受。另外針對屋主的白色控喜好，結合木紋、樂土材料藉此襯托白色家電質感，也為家注入溫馨氛圍。

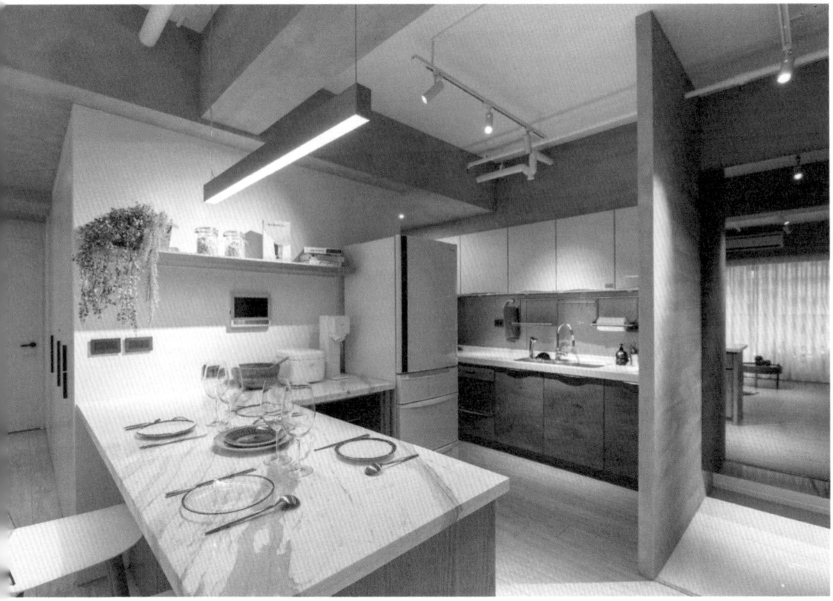

廚房形式：一字型＋中島

使用者需求：熱愛白色，下廚習慣以輕食少油煙的料理為主，也偏好搭配特殊設備，例如舒肥機輔助。

收納／L型中島檯整合餐桌與餐櫃收納，扁型小抽屜適合收納刀叉、筷子等餐具，牆面則是搭配開放層架賦予展示功能，也讓餐廚視野有所延伸。

材質／中島檯面鋪設大理石增添精緻，捨棄天花板的牆面與樑選擇刷飾樂土，藉此襯托出白色質感。

尺寸／中島檯高度設定在88公分，結合用餐功能，對於小坪數住宅來說更能發揮坪效。

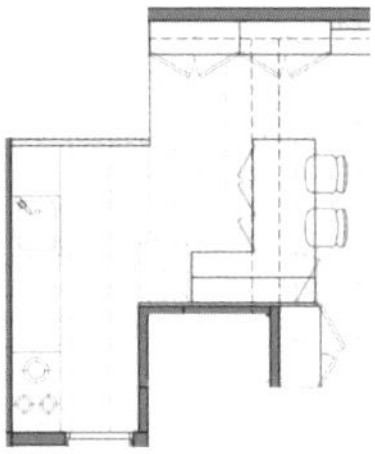

圖片提供：木介空間設計工作室

廚具中島、餐桌整合，打造純粹無油煙廚房

2房2廳的36坪中古屋改造，將封閉獨立的廚房往外挪，L型廚具結合中島、餐桌為一體，創造大器俐落的空間尺度效果，白色賽麗石由檯面延伸成為餐桌，耐熱也好清潔，立面則是霧面卡拉拉白大理石，創造出層次鋪排，爐具則是配置安全節能、加熱快的IH感應爐，隱藏式抽油煙機設計讓整體更為簡潔，廚房協調地與廳區連結，成為居家最美的一景。

廚房形式： L型+餐桌

使用者需求： 偏好現代簡潔的風格，下廚頻率不高，多半利用電器設備料理。

收納／玫瑰木牆面整合了電器櫃、冰箱、電鍋櫃以及孩房入口，型塑出完整立面的視覺效果。

材質／廚房牆面飾以灰色大尺寸薄板磚，不但擁有純粹的質感樣貌，也十分好清理。

設備／電器櫃配有蒸爐與烤箱，緊接著內嵌兩台冰箱，提供完善的烹調機能。

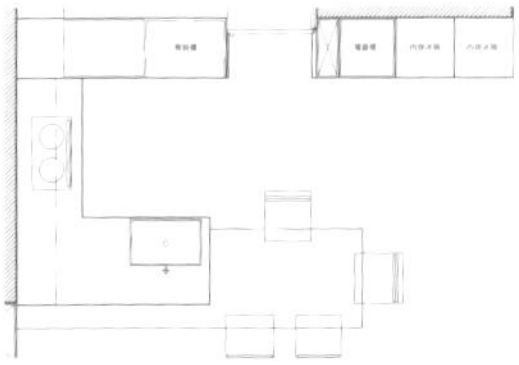

圖片提供：水相設計

走進廚房，料理魂隨之而來

平日照料小孩關係，下廚頻率不高，但偶有機會仍會烹煮簡單輕食給家人享用。為了能讓屋主有效率備餐，除了一字型廚具，更搭載了中島吧檯，相關配備也做了有秩序的安排，像是冰箱緊扣洗手槽、爐具搭配相關電器設備。另屋主也很在意油煙問題，便透過玻璃隔間做化解，平時可以打開展現開闊尺度；料理時則關上，可阻隔烹調時所產生的油煙。

廚房形式：一字型＋中島吧檯

使用者需求：雖偏重輕食、無油煙類型，也擔心料理時油煙溢散。

設備／冰箱對側配置洗手槽，方便食物取出後可直接放置在水槽做清洗、退冰等。

材質／吊架以不鏽鋼為材並做表面的粉體塗裝處理，更添質感；吊架與中島檯面距離落在約65公分，拿取上也很輕鬆舒適。

尺寸／中島吧檯長約300公分、寬約80公分，檯面嵌入洗手槽，下方則利用空間規劃了深度約60公分的收納設計。

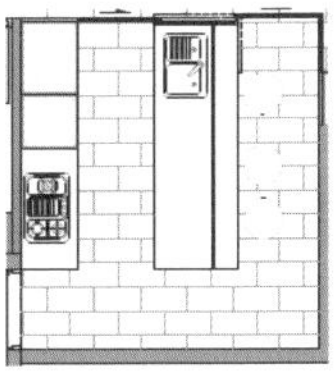

圖片提供：懷特設計

享受在家Brunch，結合貓罐頭收納與餵食的日式餐廚

2人2貓的生活應當是自由悠閒，然而原始餐廚動線不佳、光線薄弱，實在難以感受屋子將近30坪的空間感。考量夫妻倆偏好清淡飲食、但喜歡在家吃鍋，也得考慮2隻貓咪的安全與餵食問題。於是格局大幅度調整，以一個完整開放的L型結構劃設出一字型、中島檯與餐廳連結的寬敞尺度，橫拉門的設計不在於阻擋油煙，而是彈性阻擋貓咪進入，碗盤乾貨區讓屋主能在此分食貓咪們的罐頭。由於儲物空間已足夠，一字廚具捨棄吊櫃，改為開放式層架展示瓶罐鍋具，反而更有生活感。

廚房形式：一字型+中島

使用者需求：開伙頻率不高，但喜歡在家享用早午餐、吃火鍋。

收納／利用電器櫃側牆規劃一面開放式層架，收納著食譜、各式書籍，更有生活感。

材質／抽油煙機風管選用硬管噴白的做法，加上特意省略天花板、露出帶有板模紋理的結構，帶一點自然工業感。

尺寸／碗盤乾貨區為0.7坪，可單獨做為貓咪罐頭糧食，以及其他碗盤類的收納，中島高85公分，搭配高腳椅形式，讓兩人可對坐享用鍋物。

圖片提供：十一日晴空間設計

人造石檯面與美耐板廚具便於清潔

廚房空間較小且陰暗，也缺乏用餐區域，因此拆除廚房隔間，改配置冰箱與餐桌吧檯，吧檯也可兼作料理平台。由於屋主平時較少下廚，為了讓空間好清潔保養，檯面選用人造石，搭配美耐板廚具，防水耐潮也有抗污效果。除了配置高身櫃擴增儲物機能，廚房一側牆面也增設層架，方便收納瓶罐。

廚房形式：一字型+吧檯

使用者需求：因為家中寵物很多，會在家中製作貓狗的食物，偶爾也會做販售，希望有足夠的製作空間。

收納／沿廚房側牆配置層架，可收納乾貨瓶罐或杯子。

材質／選用美耐板門片與人造石檯面，事後易清潔。

尺寸／為了不佔據過多空間，流理檯面與吧檯寬度約在60公分左右。

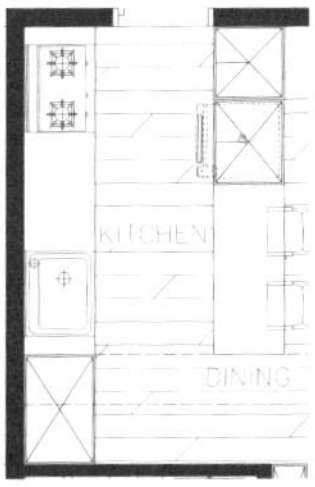

圖片提供：寓子設計

櫥櫃整合書櫃空間無界限

老屋翻新的透天厝，因為一層樓的佔坪不大加上屋主料理較無油煙，設計師打開客餐廳界限放大視覺感受，並將櫥櫃整合書櫃，讓櫃體做多功能運用，料理器具則利用吊桿掛置壁上方便拿取，也滿足屋主希望收納精簡確實的想法。一字型的料理檯施以不鏽鋼檯面與背板，抗菌好清理，並搭配溫潤的松木門板，提升居家溫度。

廚房形式：一字型

使用者需求：生活簡單不想要有太多櫃子，收納希望能做得精簡確實。

收納／除了料理檯下方的收納空間外，水槽上方亦設有層板擺放精美的廚具。而餐桌小物則收在餐桌旁的矮櫃方便用餐時拿取。

材質／料理檯面與背板使用不鏽鋼抗菌好清洗，門片與層板則使用松木合板。

尺寸／簡單的一字型料理檯長250公分，下方備有寬60公分的電器櫃，及80公分及90公分的門片收納，側邊則為20公分的五金拉抽可收納調味品。

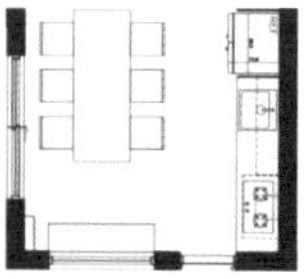

圖片提供：伍乘研造設計公司

敞開在公共空間裡的餐廚區

女主人喜歡下廚，希望能有便利、開放的廚房空間，將餐、廚兩區結合，並敞開於公共空間中。除了一字型廚具還加設了中島吧檯，但礙於水路管線位置關係，便將洗手槽配置在中島處，至於爐具則嵌入廚具檯面，也正因為水槽是在外側，特別在中島吧檯上加設牆緣，防止水溢出。由於廚房中得安置更多的廚房家電，將餐櫃部分空間切割出來，供作為電器櫃，相關用品有自身位置，女主人操作上也順手。

廚房形式：一字型＋中島吧檯

使用者需求：除了基本一字型廚具，也希望加入中島，以及讓相關家電、料理用具與餐具有各自的擺放位置。

收納／屋主有不少蒐藏的料理用具、餐具，自廚具下方衍生到餐桌旁，規劃大整面的收納櫃，東西再多也不怕沒地方放。

材質／廚房檣面、吧檯使用用白色的洗鍊磚面，採以不同的交丁排列，創造視覺魅力。

設備／將餐櫃部分切割出來，鄰近廚具那側作為電器櫃，安放屋主渴望的烤箱、微波爐等皆不是問題。

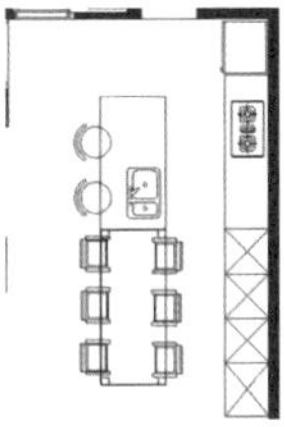

圖片提供：北鷗室內設計

廚房結合旋轉餐桌，自然界定空間屬性

空間僅14坪大，且男屋主又有在餐桌用餐的習慣，於是開放廚房裡安排L型廚具，藉L造型做機能的再延伸，以及界定出不同的空間屬性。一部分衍生出爐台、備料檯面與電器櫃，另一部分則與旋轉餐桌結合，拉出時即成為用餐區，收起時則又可變回流理台。設計者在配置時也特別留意冰箱、爐具、流理台的位置，讓料理時能在這三角格局內完成，使用順暢也不浪費空間的每一吋。

廚房形式：L型

使用者需求：喜歡自己下廚做飯，料理類型多以輕食為主，廚房規劃無須太複雜，但一定要能容納常用的爐具與電器。

收納／有限環境下，部分收納以層板、吊桿來做應對，前者能收納杯碗、餐盤，後能結合掛勾吊掛烹調用具。

材質／檯面到流理台部分牆面材質為可樂石，其為大尺寸面材，適合用來做大面呈現；櫃體門片材質為杉木實木板，以跳色拼接帶來視覺重點。

尺寸／為了讓餐桌能與廚具檯面完全結合，其深度也是規劃60公分，拉出時能作為用餐區，收起時則又能變回流理台的一部分。

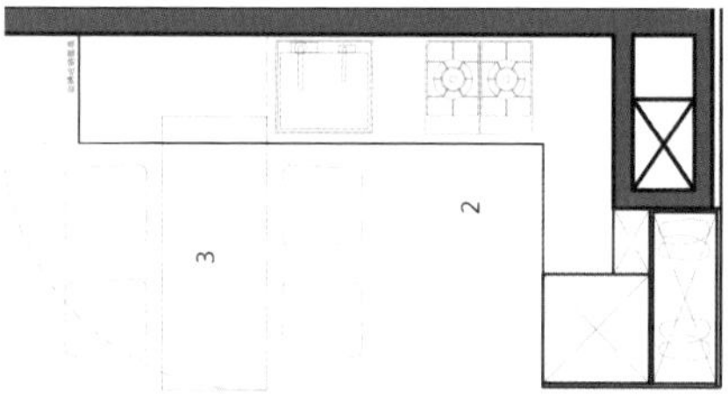

圖片提供：KC design studio 均漢設計

精省空間的高機能輕食廚房

2個大人的20坪居家場域，在客變時，設計師即將格局重新拆解，破除制式的封閉式廚房，不僅拓大空間感，也塑造開放式的用餐體驗，並帶入歐美公寓般的用色與風格，讓人有如置身於紐約大廈中，可在餐廚內欣賞著絕美夜景，一邊品味紅酒、一邊料理晚餐，好不浪漫。

廚房形式：雙排型

使用者需求：在有限坪數內，打造以輕食為主的廚房空間，並容納基礎的設備與收納。

收納／善用櫃體、柱體的落差深度、裝設層板擺放調味料與植栽，也利用廚具設備旁的角落，作為抽油煙機的置放地方，充分運用每吋空間。

材質／藉由地磚、木地板拼接，劃分客廳、餐廚之間的微妙關係，而深色磚的使用，也使廚房更易清掃打理。

設備／雙排式廚房除了可精省空間，獲得高效率的坪效使用外，也與陽台門片位置相配合，讓陽光可透入室內、形成好採光。

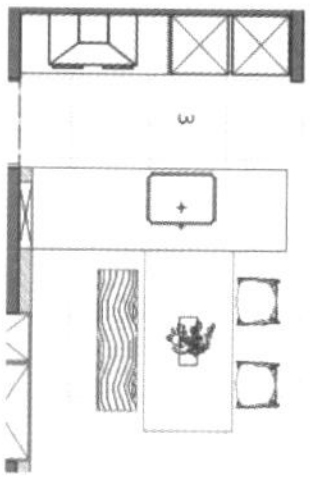

圖片提供：一水一木設計工作室

不設抽油煙機，輕食為主的輕工業風廚房

甚少下廚的屋主習慣外食，僅有朋友聚會時會使用廚房，因此不加裝抽油煙機，僅配置冰箱與電陶爐，維持空間視覺的俐落。由於廚房空間寬度較小，採用L型廚具設計，巧妙圍出廚房領域，而面向餐廳的廚具下方則作為辦公用具的收納，讓餐廳也兼作工作空間使用。

廚房形式：L字型

使用者需求：以外食為主，不裝抽油煙機，僅需冰箱與爐具即可。

收納／上方增設黃銅吊櫃，作為杯盤收納。

材質／搭配人造石檯面與美耐板門片，清潔不費力。美耐板特意採用煙燻木色，強化工業風調性。

尺寸／檯面寬度加寬至80公分上下，且拉高廚具，避免水槽濺水至餐桌。

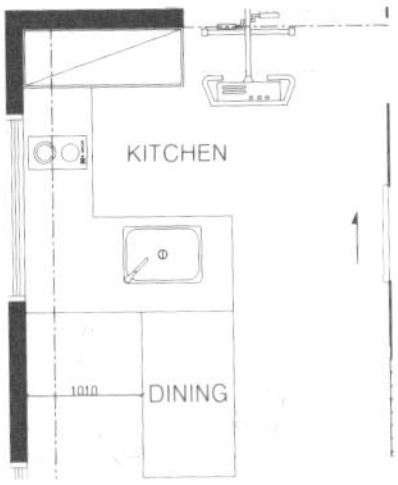

圖片提供：寓子設計

大型中島為心愛寵物烹飪每一餐

因為屋主下廚的時間不多，主要是製作簡單輕食與寵物食品，一字型的料理檯，動線為爐火、備餐區到水槽能順暢操作，側邊則整合高櫥櫃收納廚房雜物。因為平時的寵物食品也有販售，大型的中島吧檯則增加備料製作的便利性。因考慮到廚房的窗戶常緊閉不開，設計師則改以長形玻璃氣窗帶入光線，給予空間充足採光。

廚房形式：一字型＋吧檯

使用者需求：因為家中寵物很多，會在家中製作貓狗的食物，偶爾也會做販售，希望有足夠的製作空間。

收納／除了料理檯下方作為鍋碗瓢盆收納外，側邊高櫃為開放式電器櫃並能收納廚房雜物，轉角則運用五金側拉籃收納。

材質／中島吧檯面選用西班牙賽麗石，抗菌又好清理。

尺寸／一字型吧檯長240公分，下方設有抽屜與門片收納，側邊電器櫃寬60公分，並使用活動式層板，方便調整高度。

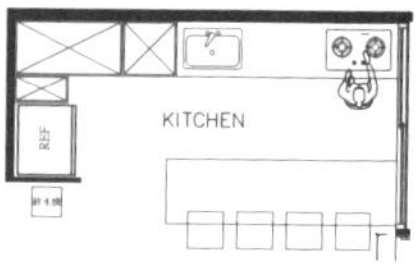

圖片提供：知域設計

人與毛小孩共用皆自在的廚房設計

由於夫妻倆平日較少在家做菜，但偶爾仍會做個簡單料理，因此設計者除了配置一字型廚具外，還加設一道中島吧檯，並透過桌板型塑出簡易餐桌，讓整體機能更加完善。相關電器櫃則配置在中島旁邊，採取得是透過層板設計，好讓冰箱以及相關桌上型的小家電能分層擺入。

廚房形式：一字型+中島吧檯

使用者需求：平日鮮少下廚，但仍希望有個功能完善的廚房，若偶爾想來個簡單料理，也能獲得滿足。

設備／電器櫃整合貓道、貓跳台設計，不只收納還能滿足毛孩子的活動部分則結合懸吊層板，上兩層單層高度約30公分、下層高度約50公分，相關桌上型小家電均能分層擺入。

材質／空間偏屬硬冷工業風，中島的檯面與抽屜門片加入木材質，藉其溫潤特色讓家產生些許的暖度。

尺寸／為了能在有限空間內完善居家機能，開放廚房中配置一道長約180公分的中島吧台，扣合桌板型塑出簡易餐桌。

圖片提供：懷特室內設計

結合人體工學的養生料理廚房

屋主年紀稍長，為顧及健康，所製作料理多以養生、無油煙類型為主，因此設計者將常用的電器、冰箱做集中配置，並將烤箱、微波爐等位置，安排在人體腰部以上，方便長者找尋、操作也較順手。顧及偶有其他料理的需求，仍在環境中配置了L型廚房與中島，其中，中島的使用方向是依據屋主需求做調整，將洗手槽配置在中島的左側，讓他在備料、準備時能面對在客餐廳的家人、友人，享受準備的過程同時又能彼此互動，人性、舒服又自在。

廚房形式：L型+中島

使用者需求：料理偏重健康與養生，但偶爾會有親友來訪，仍會需要製作其他種類的料理。

收納／針對爐台、中島、電器櫃等下方規劃不同的收納抽屜，讓各式料理用具、餐具，甚至調味罐等皆各有所歸。

材質／中島檯面除了使用岩石石材，另也加入了不鏽鋼，透過交錯使用，帶出檯面的對比表情。

尺寸／中島檯面的長度做了延伸，加長部分正好作為簡易餐桌使用，整體長210公分、寬75公分，擺於空間中相當有氣勢。

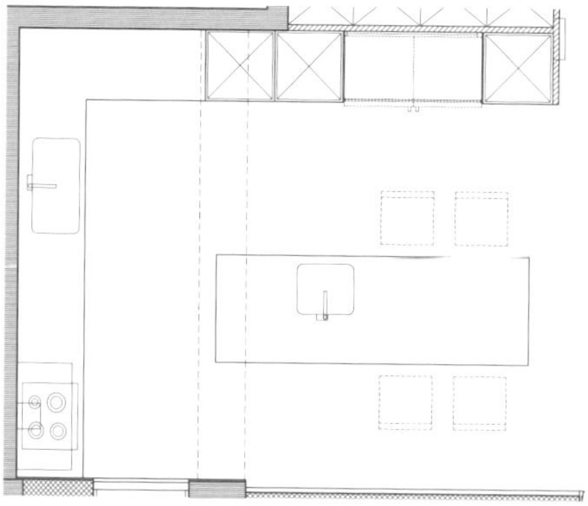

圖片提供：兩冊空間設計

電器櫃轉向、增設吧檯，享受自宅烘焙樂趣

原本4房2廳的新成屋，玄關一進門就是電器櫃，除了有開門見灶、門對門的疑慮之外，從動線上來說也較不合理，因此設計師將電器櫃轉向至一字型廚房後方，與增設的吧檯做為連結，吧檯檯面提供屋主準備甜點烘焙的料理平檯使用，轉個身就能送進烤箱，而冰箱的位置則介於兩邊水槽的中心點，不論哪一側的廚房使用都十分順手。

廚房形式：一字型+中島

使用者需求：偏好西式料理，平常喜歡做甜點、餅乾，希望能擴增廚房的料理檯面，以及收納烘焙道具的空間。

收納／吧檯下方另有小家電收納區，以及放置各種烘焙道具的空間，電器櫃右側則配置大怪物高深收納櫃，可放置雜貨乾糧。

材質／廚房地坪延伸廳區的超耐磨地板，讓空間有整體延續感，在白色亮面質感的門板選配下，吧檯加入木紋板材，增添溫馨氛圍。

尺寸／擴增的中島檯面深度約60公分，並搭配水槽，讓屋主方便揉麵團、準備烘焙的前置作業。

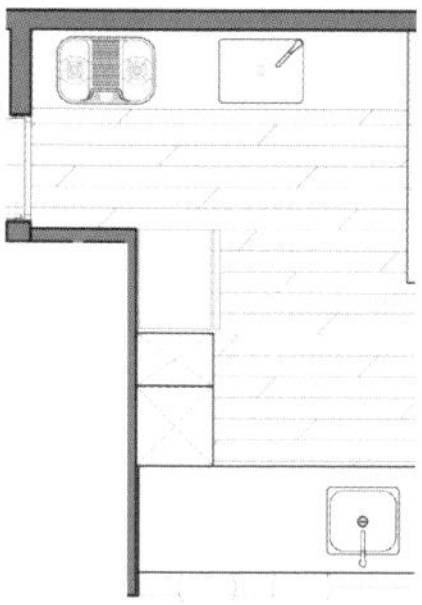

圖片提供：木介空間設計工作室

增設咖啡吧檯，不佔備料空間

雖然屋主不常下廚，但有喝咖啡的習慣，在空間狹小僅能配置一字型廚具的情況下，額外設置早餐吧檯，作為咖啡機的置物平台，方便隨時取用，一旁則設計咖啡杯收納架，儲物與展示機能兼具。而廚房的空間長度較短，也特地選用窄型冰箱，不佔多餘空間，同時搭配落地式的烘碗機，事後清潔更為快速省事。

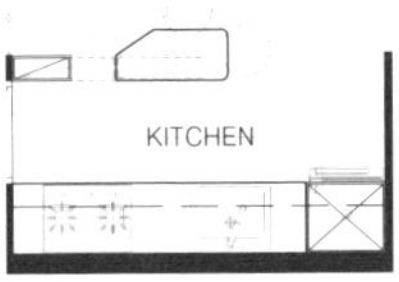

廚房形式：一字型＋吧檯

使用者需求：僅需基本廚房設備，並擴增擺放咖啡機的收納區。

設備／配置落地型烘碗機，收納便利不吊手，比起吊式烘碗機，落地型的收納空間也較大。

材質／採用賽麗石檯面，不僅硬度高，也不容易吃色，搭配美耐板門片，清潔更方便。

尺寸／廚房空間較為狹小，縮小吧檯寬度至30公分，方便放置咖啡機。

圖片提供：寓子設計

料理輕食的軸心走道廚房

由於住家空間較小，將一字型開放式廚房搭配兼具餐桌功能的中島工作吧檯，擴大可操作的平台面積，整合餐廳、廚房功能。配置兩口式電陶爐、內嵌冰箱以及內含炊飯器、烤箱的電器櫃，平整極簡的無凸出設計融入整體室內空間，讓餐廚區成為連結公私領域的軸心過道。

廚房形式：一字型＋中島吧檯

使用者需求：主要料理輕食晚餐、外食為主，需要大平台放置各種食材餐點與提供用餐使用。

設備／一字型流理臺右側角落暗藏升降式伸縮插座，平時可平整隱藏，只有在使用小型電器如果汁機等工具時才升起，滿足彈性生活需求。

材質／廚房背牆選用鍍鋅鋼板材質，特殊的紋理結晶自然融入室內灰階色調，防鏽、好清潔特性，使用起來格外輕鬆！

尺寸／擴增的中島檯面深度約60公分，並搭配水槽，讓屋主方便揉麵團、準備烘焙的前置作業。

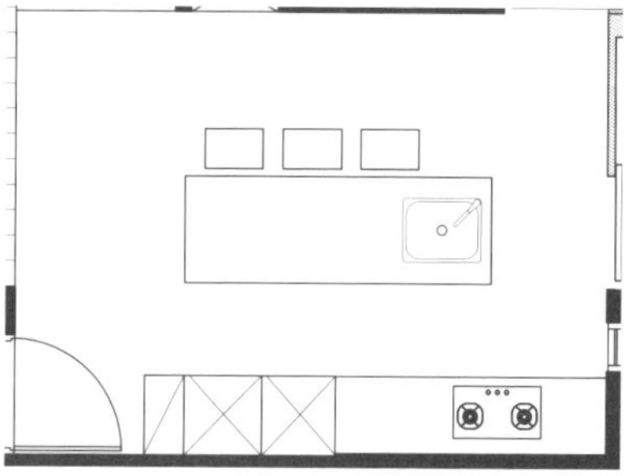

圖片提供：新澄設計

POINT 2.

熱炒型廚房

□熱炒型廚房規劃要點

1. 冰箱是排列組合關鍵

熱炒區加上拉門、結合輕食吧檯的廚房類型，能有效解決油煙外溢問題，但通常一字型廚區都較狹小，此時可將體積龐大的冰箱外移，規劃在拉門另一端，如此一來在前置作業時便可拿取食材，拉上拉門再開火，令空間安排更加從容不侷促。

2. 抽油煙機最好大於爐面 10 公分

雖然熱炒區已有拉門隔絕油煙，但家人的肺絕對不適合做第一線過濾工作，在守護健康前提下，選擇吸力足夠、適合款式的機體外，大於爐面 10 公分的設計有助於擴增集煙效力；隱藏式抽油煙機則可選擇煮菜時拉開的款式，實用、美觀兼顧。

3. 選用較強馬力抽油煙機

如果將輕食熱炒分區，熱炒區的抽油煙機馬力則需注意選擇較強馬力，此外，亦可在廚房內設置空氣清淨機，快速清除空間中異味。

4. 熱炒廚房走道為 90 ～ 120 公分

內廚房常見最大的問題就是走道空間不夠寬廣，如果希望能有兩人進廚房料理，走道的寬度建議在 90 ～ 120 公分最為理想。

5. 內、外廚之間做收納的轉換

若內廚空間不大，可將部分收納移至外廚區，除了善用廚具檯面下方空間，另中島檯面下方也能夠妥善運用，像是規劃成門片式、抽屜形式，藉由層層的收納來消化物品的擺放。

6. 可適時添加不同廚具配備

由於輕食與熱炒的料理不大相同，輕食多半為無油煙料理，熱炒則經常需大火快煮，光是在爐具和抽油煙機的選擇就不盡相同。輕食多半電磁爐便可以滿足，熱炒料理通常會搭配瓦斯爐；至於抽油煙機，相較於輕食，熱炒料理的油煙較多，建議就要選吸力強的抽油煙機，才能快速將油煙排除。

7. 料理區地坪選用磁磚利於維護

料理過程中多少仍會有油煙、水氣的產生，建議無論輕食還是熱炒區，地坪材質的選擇可朝向不怕油污、不怕潮的材質為主，如磁磚，後續清潔、維護上也很容易。

8. 門片讓抽油煙機收於無形

通常需大火快炒的熱炒區，配有瓦斯爐之餘會搭配抽油煙機，若想讓設備與廚具呈一致性，可透過廚櫃門片的包覆，將抽油煙機收於無形，也能讓整體更有設計感。

9. 中島吧台成複合使用量體

具可料理輕食用途的中島，在機能設定上可結合複合手法，嵌入電磁爐可直接烹調食物外，另也可整併餐桌，隨使用過程做不同的定義（如：餐桌、工作桌）；抑或者含括收納，讓龐大的餐具蒐藏有各自的置物歸屬。

10. 中島整併餐桌，宜留意高度

由於吧台與餐桌的最適高度不相同，前者高度約 90 公分，後者高度約 75 公分，建議在合併時要留意高度，並搭配適合的餐椅或吧台椅，使用起來才會舒適不卡卡。

彈性加拉門，小家也有獨立內廚房

23坪的老公寓住宅，原始廚房狹小且窩在角落，冰箱、廚房動線相距甚遠，拿取食材相當不便，而且客餐廳比例配置也不對等，即便目前新婚夫妻下廚頻率不高，也以輕食料理為主，然而格局重新經過整頓，以開放式大餐廚與客廳結合，看似環繞式動線，未來只要增加拉門就能將爐具區域完全獨立，就能隔絕油煙，俐落復古的灰白配色，更巧妙地將插座隱藏於吊櫃下，保留完整的復古磚材背景。

廚房形式：L型

使用者需求：目前以輕食烹調為主，但希望日後廚藝精進之後，廚房也能熱炒、煎牛排，且沒有油煙問題。

收納／工作檯面下劃分2個約10公分左右的扁型抽屜，用來收納開罐器、保鮮膜等廚房道具，使用更順手。

材質／廚具門板採用德國進口奈米材質，比起陶瓷烤漆來得更細緻，霧面玻璃屏風處理，可化解開門見灶的風水禁忌。

尺寸／L型廚具的走道皆預留到100公分，即便拉開餐椅仍有90公分的寬敞動線，電器櫃寬與深皆為60公分，未來也能置放嵌入式家電。

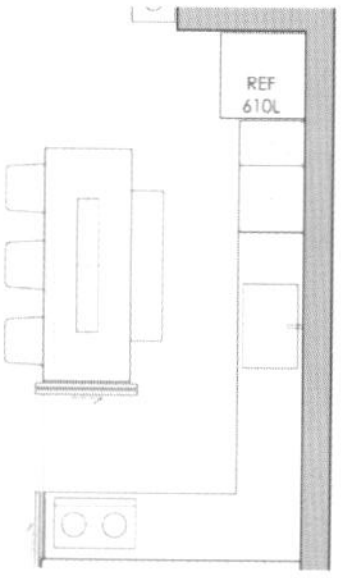

圖片提供：實適空間設計

內外雙廚房，輕食、熱炒都能滿足

原格局已配置一間內廚房，因使用需求便在公共空間又安排了外廚房，前者適合烹煮需大火快炒的中西式料理，後者則可用來製作小孩們的輕食料理，哪種形式都能滿足。外廚區一字型廚房外還加了座中島吧檯，讓女主人在備料、出餐的同時，也能留意到孩子們的舉動，抑或是當親友來訪時，加上幾張椅子，大家便能圍坐共享餐飲。檯面下方部分為櫃體，無論是擺置電器或是餐具用品，不只添了實用功能，還滿足了收納需求。

廚房形式：內廚一字型、外廚一字型+中島吧檯

使用者需求：女主人相當注重飲食，幾乎天天親自下廚料理照料家人的三餐，廚房設計不僅要滿足製作小朋友的輕食需求，也要顧及成人中西式料理的考量。

收納／因有較多的鍋具、餐碗杯盤需收納，用中島下方分別做了兩種深度60公分與30公分的抽屜，前者可用來放放鍋具、後者則可以擺放杯子等。

材質／外廚一字型廚房的檯面為賽麗石，櫃體門片為噴漆，中島、吧檯則以銅為主，藉由材質自身質感堆砌廚房的獨特味道。

尺寸／因內廚僅2坪大，扣除一字型廚具、冰箱等，所剩空間不多，便將部分電器整合外廚第二料理區的中島下方，因此中島尺寸設計較大，長3米、寬90公分。

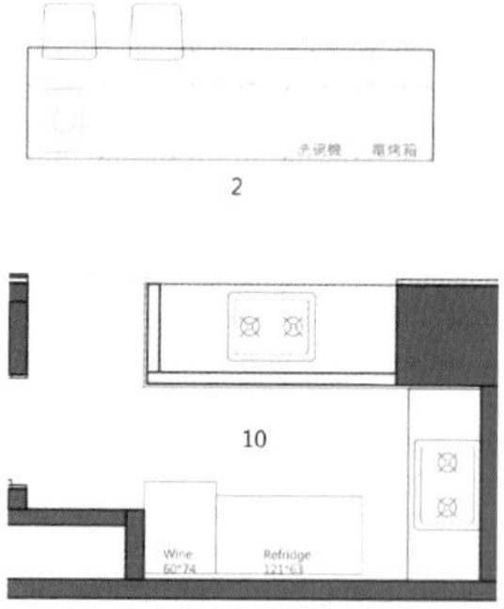

圖片提供：KC design studio 均漢設計

大功率抽油煙機＋通風對流，大中島也能熱炒

50坪老屋，設計師整頓屋況、改變樓梯位置，並重塑格局及動線，經由開放式格局的設定，促成居家景觀與採光流通，讓廚房成為生活中的交流核心，可做菜菜時同步與周邊形成互動，並可直望窗外美景，讓居家開放的不僅僅只是室內空間感，就連戶外景致、採光也一同納入，享受更寬敞明亮的視野。

廚房形式：一字型＋中島吧檯

使用者需求：目前只有兩人居住，但喜愛邀請朋友來訪，希望能坐如電影場景中的大中島廚房。

設備／大功率的抽油煙機與窗戶通風導流，成為開放式廚房的必要設定，讓居家可免除油煙散逸，影響到其他場域而形成污染。

材質／地坪鋪陳八角花磚，再設置中島吧檯定義位置，讓廚房在開放格局中也能圍塑出專屬範圍，而地磚也更便於打掃清理。

尺寸／以不阻擋窗面為原則，將廚房設備整合於下方，並規劃合適的吧檯高度，讓人在用餐或料理時，都可無礙享受到景觀及採光。

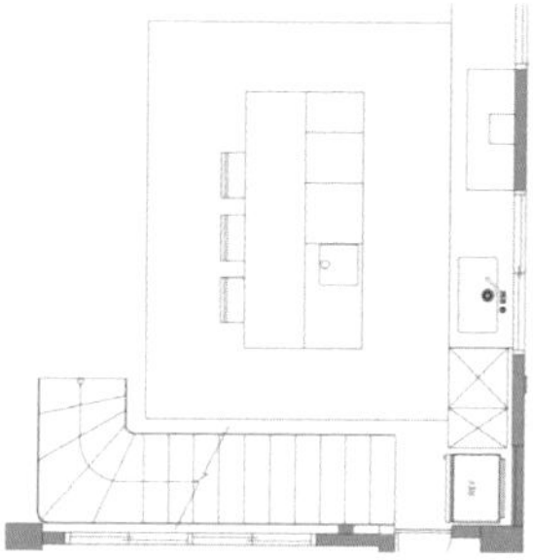

圖片提供：iA Design
荃巨設計工程有限公司

中西料理皆適用，連動拉門隔絕油煙

雖然是新成屋即配置好的廚房，然而仍有許多機能尚未滿足，例如喜好西式料理烹飪，卻沒有完善的電器櫃，另外烹飪道具、咖啡壺是否能有順手取得的設計，都是屋主在意的問題，由原本的L型廚房增設中島檯，置入另一水槽，以便劃分蔬果無油的洗滌，同時也讓屋主能在此打果汁、準備優格食材，中島吊架除了展示功能，更兼具檯面燈光輔助，中島的另一側則妥善配置雙電器櫃，滿足不同設備使用的需求。

廚房形式：中島廚房

使用者需求：以西式料理居多，喜歡手沖咖啡、做優格，但也會有中式烹飪需求，希望廚房油煙可以妥善被隔絕。

收納／除了增設的中島一側具有抽屜儲物，落地型餐櫃也結合開放式層架，可補足常用小家電的放置，局部層架則具有開放展示的意味。

材質／連動式木作拉門以烤灰處理，與整體的黑白灰基調相互呼應，中島檯面則是搭配好清潔的人造石。

尺寸／中島檯高度為95公分，方便站立打果汁、清洗蔬果，兩側走道則預留至112公分，寬敞尺度讓兩人通行也沒問題。

圖片提供：十一日晴空間設計

延伸中島、廚櫃，完善料理與收納

原始廚房為雙排型廚具，考量屋主對於中島廚房的嚮往，加上原本毗鄰餐廳的客房空間狹小不好利用，格局做了些微調整，打開廚房隔間、小房整頓為儲藏室，雙排廚具的單排得以延伸擴展廚櫃、冰箱，也同時獲得一個大中島與四人份餐桌，而中島不只扮演儲物、早餐檯的功能，亦是第二個備餐工作平檯。

廚房形式：雙排型+中島

使用者需求：嚮往中島廚房，希望廚房是夫妻倆能一起使用，就算是一人下廚、也能與另一半保持互動聊天。

收納／順著一字型廚房延伸的木作廚櫃，最底層的開放空間主要收納垃圾桶、資源回收桶，中間區域則放置常用的精品小家電，亦成為展示。

材質／廚房壁面改為採用日本醫療用等級的抗菌板，光滑表面好清潔之外，也能事後鑽孔懸掛配件。

尺寸／寬度將近80公分的中島，一側增加豐富的抽屜儲物，另一側立面特意內縮設計，使用吧檯椅時雙腳更舒適。

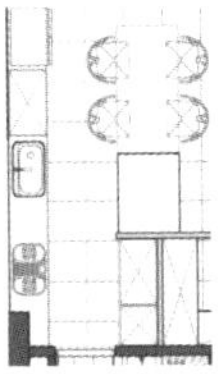

圖片提供：木介空間設計工作室

冷、熱食分區　複合機能吧檯的效率廚房

習慣在客廳用餐的夫妻兩人，捨棄正規餐廳，以玻璃拉門區隔內外，選擇熱炒廚房、輕食兼工作吧檯的規劃方式。內廚房設計爐具、洗碗機、烘碗機、全隱式抽油煙機；外輕食區則納入烤箱、炊飯器、水槽，大理石吧檯除了充當早餐餐桌、工作平台外，更可作為入門時的置物玄關桌使用。兩個廚區皆能獨立運作，達到最高效率、便利性。

廚房形式：內廚房+外吧檯輕食區

使用者需求：夫妻二人習慣在客廳用餐，除了不可省的熱炒烹調區外，更需要一個可供輕食、工作的彈性機能場域。

設備／內、外廚房利用玻璃拉門做彈性區隔，可隔離油煙、還能保有視覺穿透效果，省去門片開闔所需的迴旋空間，提升使用便利性。

材質／內廚房檯面使用硬度高、防刮耐用的賽麗石；外吧檯作為玄關的延伸，則選用質感好的大理石鋪陳，保持整體空間設計一致性，令長型檯面功能更加多元。

材質／內、外廚區的面板皆選擇陶瓷烤漆材質，灰色霧面表面達到日常使用好清潔、耐髒效果。

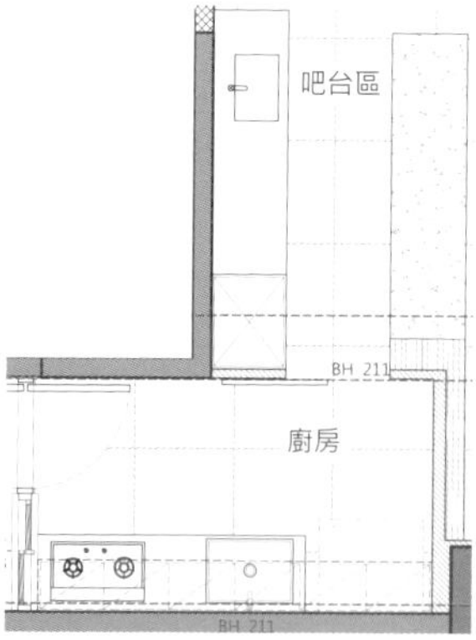

圖片提供：工一設計

雙向廚房動線，凝聚三代互動

兩戶雙拼的百坪大宅，住的是三代同堂的家庭，設計師利用雙向連貫的廚房，串連起不同世代家庭的連結與互動，平時能一起溫馨的下廚，也能夠擁有獨立的餐廳與隱私空間。由於世代間對於料理的習慣包含中式熱炒、輕食類型，運用橫拉門規劃出獨立的熱炒區，能徹底隔絕油煙，主要的一字與中島則運用電器、電磁爐提供簡單無油煙的烹調，深咖啡烤漆玻璃門板配上兩組訂製的水平吊燈、天然石材壁面，營造出大器時尚質感，更吻合大宅氣度。

廚房形式：一字型+中島+熱炒區

使用者需求：需要有獨立的熱炒區，以及主要以電器設備、電磁爐使用的輕食區。

材質／由於一字型廚具配置的是電磁爐，壁面即可搭配天然大理石材，運用些微的溝縫處理，提升大器質感。

收納／電器櫃旁具備大怪物儲藏，加上中島100公分深度，以及一字型廚具大量的抽屜收納，滿足屋主的儲物需求。

尺寸／考量屋主一家身材較高挑，一字型廚具與中島檯面高度特別設定在94公分，使用上更舒適。

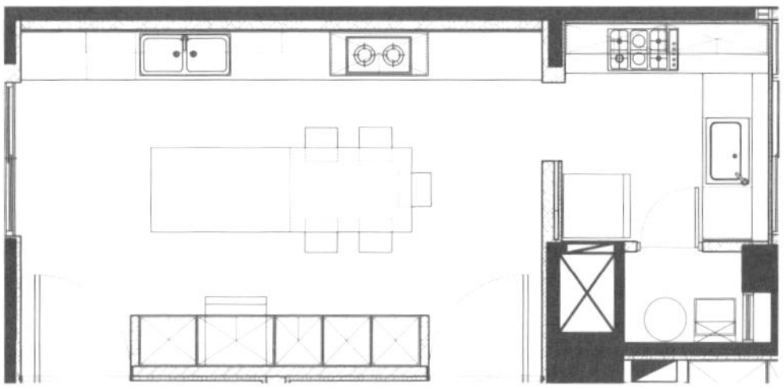

圖片提供：FUGE 馥閣

料理興趣得以發揮的廚房設計

為滿足屋主愛料理的需求，在空間中規劃了內外廚房，並依據料理型態配置瓦斯爐、電磁爐等，以及烤箱、冰箱等位置；為了讓設備更實用，將洗手槽、洗碗機等配置在外廚區，清洗時就不用特別再進到內部。愛下廚的屋主同時擁有許多料理書籍與餐具用品的蒐藏，透過層架、抽屜收納來應對，讓屋主在料理的過程中，能隨手取得想要的食譜書或料理用具、餐具。

廚房形式：內廚L字型、外廚一字型＋中島吧檯

使用者需求：屋主相當喜歡做料理，渴望有內外廚區，除了平時滿足自己的味蕾，偶爾也能與三五好友一同分享美食。

設備／使用方便性下，讓內外廚有各自的爐具配備，但在實用面向上，則選擇將洗手槽配置在外廚區，用時毋須特別進到內部。

材質／廚櫃門片選以噴漆處理，檯面則為不鏽鋼材質，並經過毛絲面處理，打造簡約俐落質感。

尺寸／為讓使用更合宜，中島吧台結合餐桌時兩者高度不盡然相同，前者高度90公分、深度60公分，後者高度75公分、深度90公分。

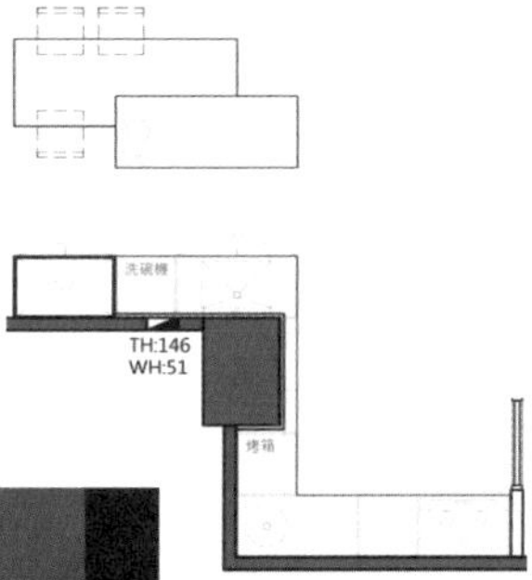

圖片提供：KC design studio 均漢設計

梯下延伸中島餐桌，共享下廚的美好氛圍

15坪的空間有可能滿足太太想要的熱炒區、以及先生夢想的中島廚房嗎？設計師精算空間比例之後，利用方正的格局配置ㄇ字型廚房，結合玻璃橫拉門設計，達到隔絕油煙的效果，平常不開伙的時候也能敞開門片放大空間感，並利用梯下空間延伸規劃中島與餐桌，同時也一併創造出儲物與紅酒櫃機能，當先生在中島準備早餐時，亦能與遊戲區、或是客廳的家人互動。

廚房形式：ㄇ字型＋中島

使用者需求：先生夢想要有一個中島廚房可以為太太、孩子做早餐。

設備／兩台隱藏式冰箱收入木作造型牆面內，並介於熱炒與輕食區之間，兩邊拿取動線距離適中。

材質／廚房壁面飾以灰藍烤漆玻璃，呼應整體的灰藍色主題，並搭配純色人造石檯面、白色烤漆門板，降低空間的壓迫感。

尺寸／為挑高4米2的空間，不論是熱炒區、輕食區皆擁有2米的舒適尺度。

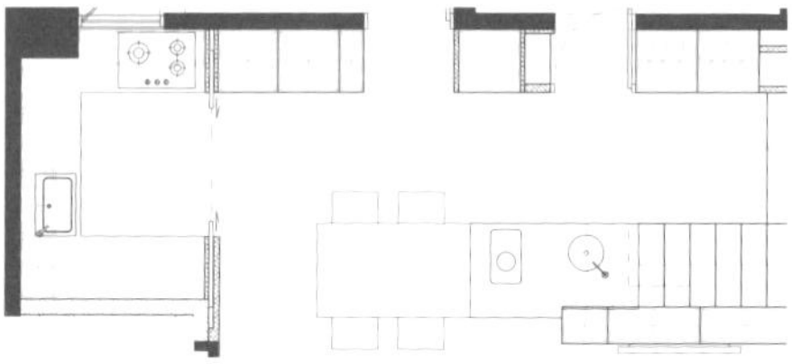

圖片提供：FUGE 馥閣

POINT 3.

多元料理型廚房

□多元料理型廚房規劃要點

1. 烤箱、炊飯器同水平設計，方便又安全

若廚房空間允許，最好能將常用的烹調用電器如烤箱、炊飯器、水蒸爐等規劃於等高位置，避免上下排列導致無法同時使用、以及頻繁彎腰、蹲下拿取熱菜的安全問題。

2. 中島靠牆增加收納

開放式廚房可以透過中島增加收納與放置平台，若是一端緊貼牆面，可以增加一個走道約90公分寬度的檯面與下方抽屜、廚櫃收納量。端捧滾燙菜餚時可先放置中島，再從另一側移動至餐桌。

3. 中島不靠牆動線靈活

中島選擇兩端開放皆能通行，動線靈活度大幅提升，拿東西不用在狹小走道錯身而過，特別適合家人喜歡一起下廚的家庭、以及一字型廚房連接後陽台的住家。

4. 精準判定收納物品

開放式廚房最重視收納，不然容易顯得凌亂無章，在規劃時即須清楚徹查所有廚房物品，並為每一樣東西設有定點收納以便能方便取用與整理。

5 水槽可多面使用，操作更為方便

不少人會在中島吧台中配置洗手槽，建議可搭配可旋轉式龍頭，無論身處在廚房裡，還是自客廳處走近使用，輕輕轉動方向就能直接開啟使用做洗潔的動作。

6 結合自動升降設計，操作更輕鬆

為增添收納容量，多數人會選擇在流理台上方增設上櫃，建議可在櫃體中搭配具自動升降的設計，操作上變得輕鬆，更不會有像上掀門櫃體不易掀開或掀不到的情況。

7 杜絕油煙瀰漫的情況

正因料理為多元形式，仍可能遇到中式煎魚、西式煎牛排等料理，其烹煮過程中仍會散發出油煙，為杜絕煙霧瀰漫的情況，建議在配置抽油煙機時要留意其吸力，才能快速吸除料理中產生的油煙；抑或是加強廚房的通風設計，適時結合開窗與門的設計，讓油煙味道順利排出。

8 門片修飾更顯電器櫃的美觀性

為追求美觀性，除了家電會採取嵌入式設計來應對外，冰箱這類大型電器也能透過櫃體門片來做修飾，完整包覆起來，幾乎感覺不到它的存在，同時又能滿足生活所需。

9 檯面設有各自爐具與水槽

配置多元料理型廚房，除了廚具，若另還設有中島吧檯時，建議可在各自的檯面上安裝獨立爐具與洗手槽，特別是爐具在增設時也可以一邊設適合熱炒、另一邊則設適合輕食的款式，使用上更添方便。

耐用好清理、中西料理都適合，成就主廚的理想廚房

世界名廚的廚房會是什麼樣子呢？旅居國外近20年的主廚江振誠，選擇落腳於宜蘭買下環繞水田景色的家，當初選購廚具時，即被線條簡約、色調現代的Vipp Kitchen所吸引，特別是不鏽鋼檯面，以及和專業廚房一樣，將櫃體離地架高的設計，好清理對他來說更感到安心，至於不鏽鋼檯面，當好幾道菜同時開始進行時，鍋子離火就能直接放在檯面上，推來推去也不用擔心磨損、過熱。另一方面，除了自己下廚，每天都要為他張羅三餐的太太，再加上江媽媽，三個人都是廚房的重度使用者，而Vipp Kitchen從櫃體、抽屜骨架，到支撐腳，全都是黑色粉體烤漆的鋼材，耐用，絕對是主廚的第一考量，除此之外，江振誠也特別針對料理習慣配置家電設備動線，並讓爐具、烤箱倚牆面規劃，讓三位料理者都能大展身手。

廚房形式：一字型＋中島

使用者需求：太太擅長西餐、泰國菜，江媽媽拿手的是炒台式料理，需同時滿足三人的料理習慣。

材質／不鏽鋼檯面無須擔心過熱與裂損的問題，而以金屬材質打造的廚具結構內層，即便放進重量較高的鍋具，也不會有變形無法耐重的情況。

設備／不鏽鋼檯面無須擔心過熱與裂損的問題，而以金屬材質打造的廚具結構內層，即便放進重量較高的鍋具，也不會有變形無法耐重的情況。

尺寸／離地12公分的離腳，如同許多每天清潔打掃的專業廚房設計一樣，讓整體廚具下方可以時時清潔，保持清爽乾淨。

圖片提供：森/CASA

水岸景致結合頂級設備，滿足美食家的中島餐廚

由毛胚屋著手規劃的廚房格局，因應水岸住宅的視角景致，讓中島面對著半弧環繞式開窗，也一併與客餐廳形成開闊無阻的生活尺度。面對極度熱愛美食的生活家屋主，平常也喜歡桿麵皮包餃子，屬於懂得享受也樂於下廚的人，中島檯面特別選用不鏽鋼材質，以便揉製麵團，三組單口爐的設置與烤箱搭配，也滿足屋主多元的料理需求。

廚房形式： L型+中島

使用者需求： 懂得享受美食，在家也喜歡料理，想要一個中島增加工作檯面的使用，增加料理的多元用途。

設備／指定選用美國wolf單口爐具，密封式的爐嘴能讓熱能集中傳達，凹深的爐面不但能防止溢漏，也方便清理。

材質／中島檯三面選用特殊的黑洞石打造而成，廚具門板為實木紋，吊櫃則是搭配白色霧面陶瓷烤漆，藉由不同紋理變化，賦予質感的提升。

尺寸／中島檯因應家庭人口數與餐廚空間比例，調整為寬60公分、長95公分，內側除烤箱之外，仍具備抽屜式收納。

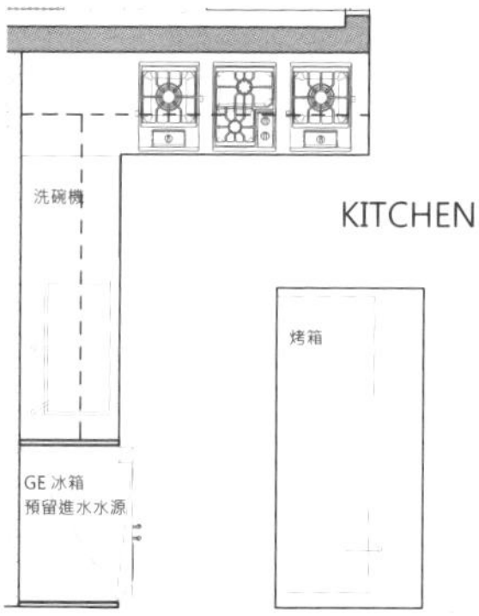

圖片提供：水相設計

日光綠意中島廚房，打造私廚、烘焙課程用途

中古屋改造的二樓空間，為因應多變的需求，包含義大利籍主廚的私廚、烘焙甜點課程，因此採取開放式中島的機能規劃，除了多爐口的配置提高出餐效率，可以同時準備燉煮、炸物等料理之外，大中島檯則是扮演教學、10～15人份的備餐擺盤，也拉近主廚與客人之間的互動，比較特別的是，中島外側加上鈦金折板，一來是裝飾美感，實際的功能則是止水，下方搭配開放式層架做為展示，也有減輕中島量體的沈重感。除此之外，電器櫃特意安排在外區，則是考量學員使用方便、也更有參與感，而冰箱、冷凍庫設備則是隱藏在既有的儲藏空間內，方便主廚與老師使用。

廚房形式：一字型＋中島

使用者需求：為私廚的使用需求，以義大利料理為主，偶爾也會有烘焙課程。

設備／採用三口瓦斯爐搭配電爐的組合，可以增加出餐的效率，烤箱電器櫃規劃在外區，學員上課時更有參與感，動線上也較為寬敞流暢。

材質／主要料理區採用不鏽鋼檯面、櫃體，兼顧安全衛生與好清潔的問題，平常以酒精消毒即可。

尺寸／中島尺寸長240公分，可以同時準備10人份左右的擺盤，也兼具教學、展示、操作料理等用途。

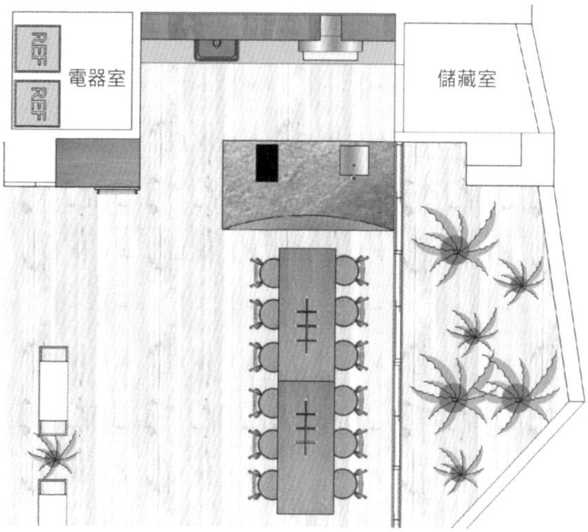

圖片提供：彗星設計

紐約摩登X手作生活，女主人的烘培、料理天地

為了追求公共採光與空間感，將原本廳區與主臥對調，重新圈圍出一個方正的開放式書牆客廳、餐廚區。餐廚區具備共用、複合功能特性，以90公分高的長中島餐桌為核心，搭配倒T型抽油煙機、電爐與烤箱等電器設備，除了廚櫃、中島下方可供收納外，右側的落地側拉櫃亦具備大量儲物空間，更活用L型轉角處規劃淺櫃層板，巧妙收整、放置瓶罐小物。

廚房形式：L型廚房＋中島兼餐桌、書桌

使用者需求：女主人喜歡在家下廚、烘培以及製作手工皂，親手製作麵包與老公、兩個親愛的女兒共享。

收納／中島的下方收納規劃為雙面櫃設計，廚房側可用以放置杯盤、廚具；接近廊道、客廳側則為手工皂材料、成品的收納區。

材質／從男主人喜愛的紐約舊磚牆開始發想，仿舊紅磚、木頭，搭配灰黑色調櫥櫃，綴點金屬個性味兒十足的傢具與燈飾，勾勒一方摩登料理天地。

尺寸／餐廚區延續全室的複合、共用特性，融入多元機能，90公分高的中島吧檯除了提供備餐、烘培用途以外，還兼具書桌、收納功用。

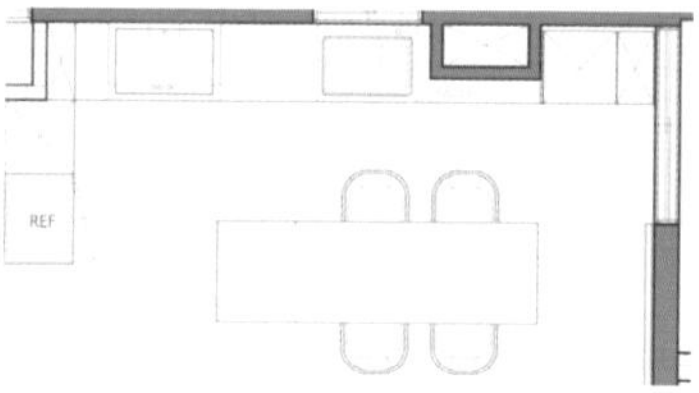

圖片提供：好室設計

依循L型格局配置多功能中島

19坪空間，小資家庭的新生活空間，設計師依循著L型架構，以直角為為中心點，讓場域向兩翼發展，並以不過度的裝修手法，揭注灑脫的簡約風格，還給居住者適切的自由，同時採以開放形式規劃餐廚，創造場域多元用途，並將廚房延窗設置，讓烹飪時光可佐以明麗窗景。

廚房形式： L型廚房＋中島

使用者需求： 在有限且不規則的格局內，坐擁中島式廚房，並希望兼具空間感。

收納／利用吧檯底部的量體深度，將一面作為展示格櫃，另一側則安置抽屜式收納機能，善用每一吋坪效。

材質／以不鏽鋼打造中島檯面，增添工業風的粗獷氣息，搭配著美耐板鋪陳廚房立面，衍生材質混搭的異趣。

尺寸／結合流理檯、餐桌形成加長型中島，讓桌面既是餐桌、也是閱讀場域，除了複合功能之外，也讓有限空間感獲得延伸。

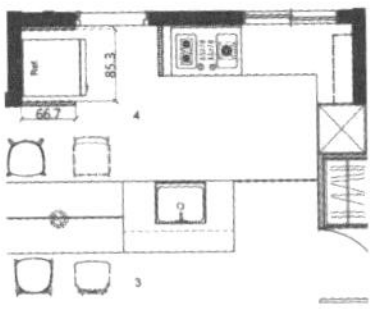

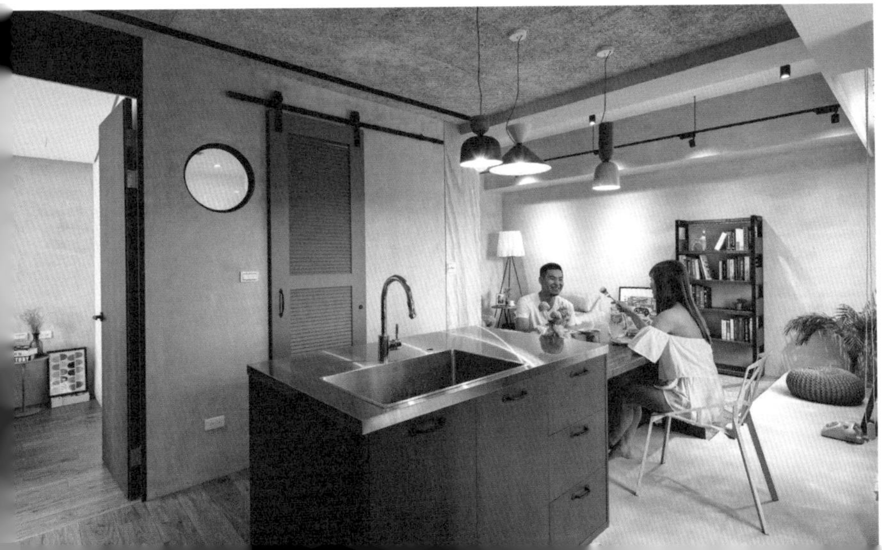

拉門隔絕油煙　無需彎腰的敞亮U字型廚房

與防火巷相鄰的狹長型廚房，以連貫的長U字型設計，在臨窗處爭取更多平台做備餐、小電器擺放用途；天花設置流明天花、嵌燈，上吊櫃更搭配一整排廚下照明，令料理空間明亮無死角！以三口瓦斯爐搭配全隱式抽油煙機，美觀之餘方便主婦媽媽同時烹煮多道料理；此外，更將體積龐大的冰箱外移過道，讓烤箱、電器收納櫃、炊飯器皆能位於同一高度，令女主人操作時無需彎腰，滿足安全與方便雙重考量。

廚房形式：U字型廚房

使用者需求：需要在家烹煮三餐的主婦，希望廚房能夠有充足照明與置物平台。

收納／將體積龐大的冰箱移出廚房，設置於走道拉門旁，在不影響使用便利性前提下，令烤箱、電器收納櫃、炊飯器都能位於最方便使用的86公分高度，操作時無須彎腰。

材質／廚櫃材質選用木紋美耐板面板與深色人造石檯面，搭配黑色烤玻壁面、利用鏡反射拉闊空間深度，創造出耐髒、沉穩的烹調工作場域。

設備／除了U字型端點的開窗外，天花同時規劃流明天花與嵌燈，櫃體下方更裝設廚下照明設計，力求廚房空間明亮無死角！

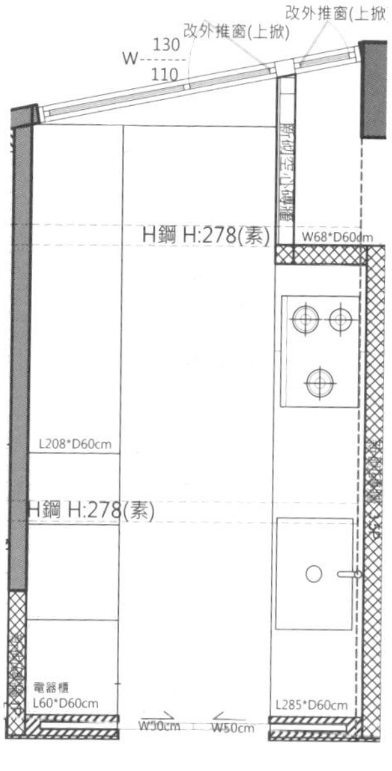

圖片提供：工一設計

爐檯微降高度、中島擴增收納，中西料理都好用

開置4年的新成屋，即便廚具還算堪用，但由於空間較為封閉，且不符合屋主需求，廚房全面更新配置，除了打開隔間與廳區連結之外，也針對屋主的使用習慣規劃細節，像是因應進口小家電設備電線較短，中島檯插座特別縮短與檯面的距離，對嬌小女主人來說難以拿取的吊櫃，則以開放層架取代，鍋具杯盤一目了然，也方便拿取各式調味料罐，而尚在發展中的電器選配，則預先規劃好60×60公分深的電器高櫃，充分達成屋主的料理需求。

廚房形式：一字型＋中島

使用者需求：屬於簡單的中式料理搭配西式輕食習慣，會搭配使用果汁機、攪拌機等小家電設備，希望能順手好用。

收納／中島檯面向餐廳的玻璃門片放置碗盤餐具，用餐拿取更順手，側邊開放層架可收納常用食譜，內側則是抽屜式收納。

材質／壁面搭配灰色地鐵磚、以及較大規格的大地色磁磚，面對油汙更好清潔擦拭。

尺寸／考量女主人較為嬌小，爐具檯面刻意稍微下降5公分左右，炒菜就不會有吊手的問題，廚房走道寬度達100公分，可同時讓2人通行。

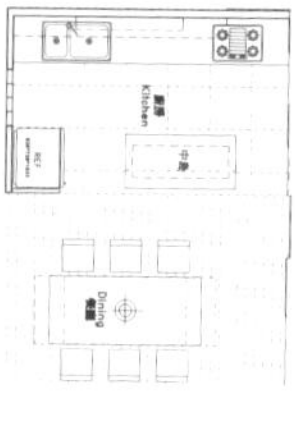

圖片提供：十一日晴空間設計

玻璃彈性隔間隔絕料理油煙

十分注意飲食健康的屋主時常在家中料理，為了防止烹煮的油煙瀰漫製克餐廳，使用白框玻璃拉門做彈性隔間，規劃完善的L型料理檯，爐具、烤箱或微波爐等設備放在同一軸線，水槽與處理區則在另一動線方便兩人料理分工。而廚房的一隅更規劃多功能吧台，下方可收納紅酒，搭配高腳皮椅就是個優雅品酒區。

廚房形式：L型＋吧檯

使用者需求：家中有小朋友天天都會下廚，希望有開放式的廚房空間。

收納／L型料理檯除了上方吊櫃與下方櫥櫃外，側邊也設置電器櫃與高櫥櫃方便收納，此外，吧台下方亦可以收納珍藏的紅酒。

材質／系統櫃體選用白色線板門片，料理檯壁面則為藍色花磚，並使用白框玻璃拉門做彈性隔間。

設備／內嵌蒸烤爐、烤箱、洗碗機、微波爐，機能更完善。

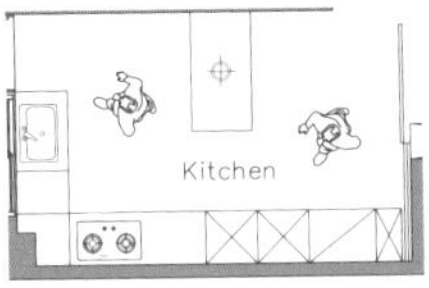

圖片提供：知域設計

延伸檯面，打造擴大機能的ㄇ字型廚房

生活習慣的改變，便將原為封閉形式的廚房變為開放式，家人互動變得更有趣，有人來訪也更容易直接面對。卸除隔間牆後，保留原L型廚具，並在旁邊多衍生一道檯面，形成ㄇ字形式，也剛好利用底下空間收放洗碗機，省去過往使用上的不便。相關電器則配置在ㄇ字型廚具的對側，不只納入冰箱、相關家電也一併收入，讓女主人在料理時能就近取食材、使用電器等。

廚房形式：ㄇ字型

使用者需求：將廚房改為開放形式能與家人有更多互動，過去洗碗機擺於陽台，使用較不便，希望能將電器整合，使用動線更順暢。

收納／除了利用檯面下方配置收納，更利用檯面上方空間增設吊櫃，用來擺放相關鍋碗瓢盆，也作為展示個人品味的一種。

材質／廚房牆面使用與玄關地坪相同的花磚，更顯一致性之餘，磁磚材質在清理上也更為方便容易。

設備／保留L型廚具並延伸成ㄇ字型，剛好可利用空間擺放洗碗機，同時相關家電也配置在鄰近處，使用更順手。

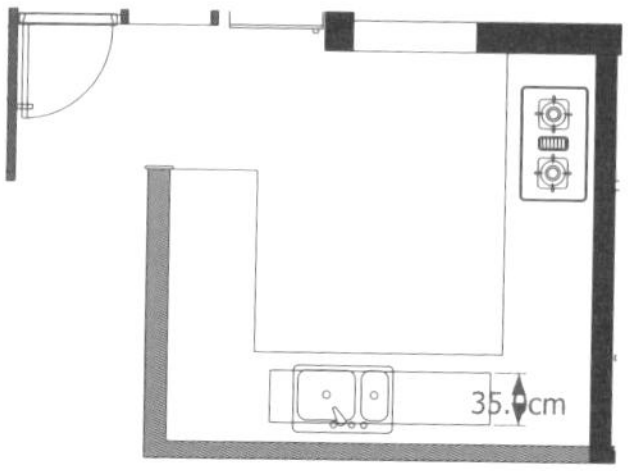

圖片提供：北鷗室內設計

NOLDE
NOLDE

多元料理型廚房

面對開闊山景，料理也有好心情

設計師為了呼應屋主需求，使用開放式客餐廳設計方便親朋好友前來 party 歡聚。L形料理檯選用不鏽鋼檯面與背板好清理，長條照明結合掛桿，讓料理擁有足夠照明，其上方設置層架擺放常用鍋具，腰部下方則為門片收納，而中島則面對山景，讓料理也能有好心情。

廚房形式：L型廚房+中島

使用者需求：屋主希望擁有開闊的生活空間，方便親朋好友聚會使用。

收納／料理檯上方做層架收納精美鍋具，下方則為門片收納廚房雜物，而中島下方亦是收納空間與放置洗碗機，電器櫃則位於側邊不影響美觀。

材質／料理檯面、背板與層架選用定製不鏽鋼方便清理與料理。中島檯面則貼木皮中和廚具的冷冽感。

尺寸／一字型料理檯長240公分，下方則設有抽屜與門片收納，側邊電器櫃寬60公分並使用活動式層板方便調整高度。

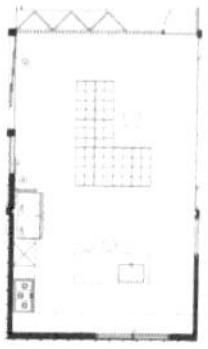

圖片提供：伍乘研造設計公司

加大中島，打造聚餐中心

順應原有的廚房格局增設中島，並加寬中島檯面，可兼作餐桌使用，讓好客的屋主在親友來訪時，有助於聯繫情誼。特意採用雙排型的設計，並在中島設置水槽，擴大備料區，也有效縮短料理動線，一轉身就能上菜。同時廚房地面與中島鋪陳幾何方磚，搭配黃色烤漆的吊櫃，讓廚房成為視覺焦點，也是親友齊聚的中心。

廚房形式：雙排型

使用者需求：講究廚房動線，同時需有裝飾性高的個性廚房。

收納／冰箱旁增設電器櫃外，上方設計吊櫃，可收納常用餐具與杯盤。

材質／流理台檯面與中島皆採用賽麗石，耐刮耐高溫，也便於清理。

設備／中島下方增設烘碗機，清潔省時，並設置飲水機，龍頭一開冷熱水都可直接飲用，方便待客。

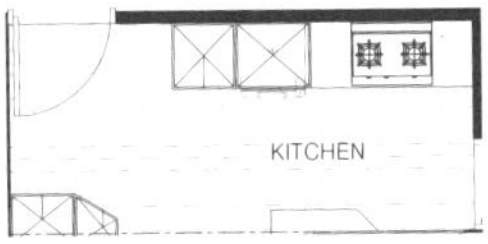

圖片提供：寓子設計

輕薄有形、機能佳的使用介面，料理更得心座爭

以灰階鋪排工業感個性氛圍，加上開放式的無隔間設定，創造視覺開闊感，讓每一處皆能欣賞到窗外景觀。動線安排上，則從玄關，廚房到客餐廳一路連貫，並藉由廚房中島的轉向，讓日常互動可往空間中心凝聚，不僅使全家人的情感連結更密切，也讓公領域成為親朋好友的絕佳聚會場所。

廚房形式： L字型＋中島吧檯

使用者需求： 女主人每天親自準備三餐，希望廚房不只是料理平台，也能是凝聚家人情感的場所。

收納／鋼琴烤漆櫃體、中島都具備收納機能，在此不特意增設上櫃，僅以輕薄、載重佳的層板預留展示平台，讓整體收納更清爽。

材質／高科技不鏽鋼輔以無瑕的鋼琴烤漆，透過簡約流線塑造洗練風格，讓每一道量體顯得輕盈不沉重、充滿漂浮感。

設備／選用屋主指定的德國 Bulthaup 廚具，訴求輕薄的料理使用介面，搭配符合人體工學的設計，讓下廚操作上更得心應手。

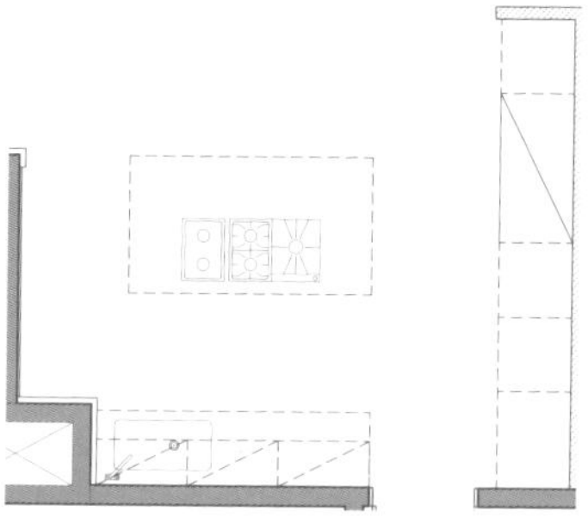

圖片提供：iA Design 荃巨設計工程有限公司

DESIGN
HOTELS
YEAR
BOOK
090

開放ㄇ型廚房，創造互動、增加收納

原本難以利用的封閉一字型廚房，隨著空間配置的重新調整，加上屋主夫婦對於開放廚房的嚮往，設計師拆除一房，並合理計算浴室、孩房尺度，打造出一個最大化的ㄇ字型廚房，並利用入口右側的結構柱深度，拉出餐廚區的大面收納廚櫃，整合層板式的高櫃、電器櫃，也賦予冰箱擺放的空間。

廚房形式：ㄇ字型

使用者需求：喜歡為孩子、家人做料理，平常下廚多半是清淡少油煙的烹調。

收納／指鐵件吊架做為餐廚的隱性界定，也賦予展示功能，廚具轉角以面向餐廳的開放櫃體收納為主，使用上更加合理便利。

材質／廚具檯面選用60公分規格布紋磁磚貼飾，增添質感，底櫃加強防水、接縫處補滿矽利康，無須擔心潮濕問題。

尺寸／ㄇ字型廚具走道距離約80～90公分，保有適當比例的舒適性，水槽兩側加上12公分高的玻璃檔板，避免清洗時水會往外濺。

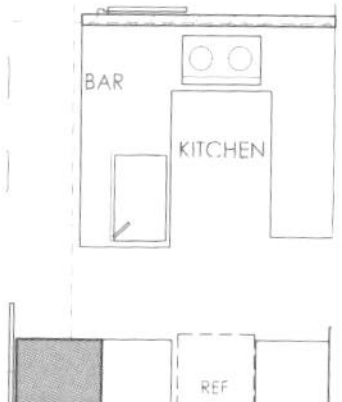

圖片提供：實適空間設計

修正檯面高度，置入最適機能，創造舒適料理空間

擁有豐富料理經驗的女主人，經常做不同食物給家人品嚐，對於廚房設頗有自己的想法。由於廚房空間不大，順應環境配置了L字型廚具，因格局中剛好有一道柱體，再依柱體衍生出電器櫃與中島吧檯，注入最適機能滿足使用需求。過往的使用經驗，在爐具、洗手槽高度上也做了區隔，爐台高度維持在85公分，洗手台則提高為90公分，讓女主人洗菜、洗碗不再飽受彎腰之苦。

廚房形式：L字型+中島吧檯

使用者需求：女主人天天下廚料理家人的飲食，對於設備的高度、配置內容等，都很有自己的想法。

設備／電器櫃配置在爐具、流理台對側，也放入屋主要求的垃圾桶一併收於碼櫃體，整體更顯乾淨俐落。

材質／中島檯面選用具耐污、較為抗菌、耐刮等特質的賽麗石；流理台檯面則以耐刮、頗耐熱的石英石為主，提供不同的使用性能。

尺寸／吧檯寬達100公分，檯面下左右兩側配置深度分別為40公分、60公分的收納空間，提供大容量的收納。

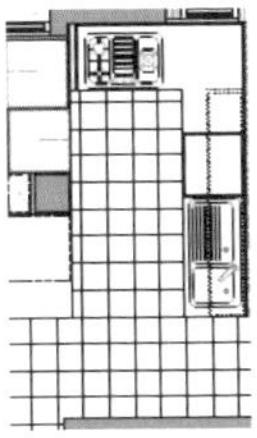

圖片提供：懷特室內設計

餐廚整合住宅中心，維繫家人情感

假日常下廚的夫妻倆，希望擁有開放式廚房，設計師將客餐廳整合並將中島餐桌作為居家中心，便於在料理時維繫家人情感。並將原有的40年老檜木門框、窗框變身餐桌與長凳及料理檯上方的層架，延續空間記憶。而廚房壁面更特別選用灰色調花磚延續復古氛圍。

廚房形式：一字型＋中島

使用者需求：假日常下廚，因此希望有個開放式的中島廚房與大面積的餐桌，在料理的同時也能同時維繫情感。

收納／廚房尺寸不大，因此善用料理檯與中島下方的空間，將收納分類，更細分至刀叉的收納空間，讓每個抽屜都能達到完美利用，而中島下方則做電器收納。

材質／料理檯選用不鏽鋼檯面抗菌好清理，而壁面的灰色調花磚特別選用大尺寸不藏污納垢。

尺寸／採用一字型料理檯，寬約310公分而下櫃高85公分方便切菜，而中島寬101公分並於側邊設置電器櫃。

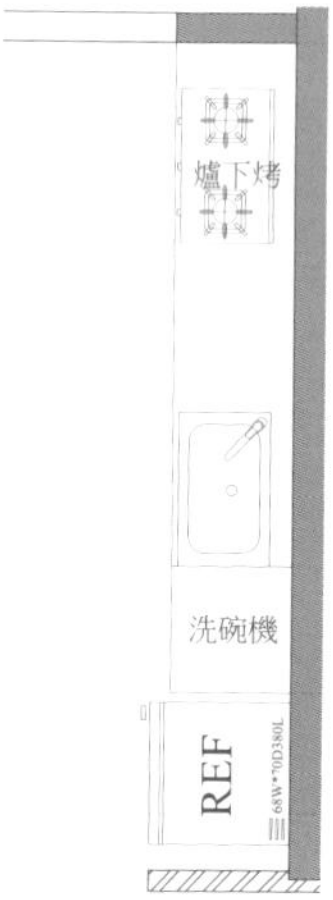

圖片提供：三倆三設計事務所

六人家庭的好收納大平台廚房

家中人數較多，尤其附加小朋友的各項餐具、奶瓶，需要充足的收納與提供暫時放置的大平台。開放空間規劃L型廚房搭配中島、餐桌設計，電器立櫃與上下廚櫃滿足收納需求。中島加裝IH感應爐，與餐桌成為女主人烹調、清潔時的置物平台，複合功能提升廚房坪效！電器設備除了烤箱外，更裝設洗、烘碗機，解決餐後清潔、烘奶瓶的困擾。

廚房形式：L型廚房＋中島

使用者需求：加上幼童、居家成員總共六名，無論是清潔或備餐，廚房需有充足平台。

設備／中島區除了具備平台與收納機能外，加裝IH電磁爐，增加一個獨立加熱烹調區。

材質／廚櫃採用純白色的結晶鋼烤面板搭配同色鐵道磚，與木紋立櫃、餐桌混搭出溫馨、潔淨氛圍。

材質／女主人希望使用木地板鋪陳廚房地面，設計師考量日後清潔與耐用性，選用長型木紋磚從客廳延伸餐廚區，塑造擴增空間的質樸視覺效果。

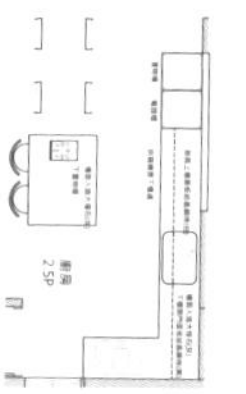

圖片提供：澄橙設計有限公司

保留大幅度互動關係的餐廚設計

客餐廳、廚房整合在一塊，為能保留大幅度的互動關係，採取開放形式。一字型廚具兩旁設有電器櫃與冰箱，對側則為中島吧台，透過回字型動線串聯彼此，屋主也能恣意地遊走各處。因屋主偶爾會下廚，另也會邀三五好友來家中作客、品嚐料理，故特別在廚具、中島配置各自的爐具與水槽，雙邊使用更添方便。

廚房形式： 一字型+中島吧檯

使用者需求： 偶會邀三五好友來家中一起品嚐料理，未來能在更自在的環境中做美食。

設備／一字型廚具的左右邊配分別配置了電器櫃與冰箱，另冰箱也特別選擇寬60公分款式，滿足生活機又不失美觀性。

材質／中島吧檯其檯面材質為白色石英石，好使用之外，也帶出簡潔俐落的視覺分量。

尺寸／中島吧台長240公分、寬90公分，一邊作為吧台可擺放吧檯椅，另一邊則利用足夠深度規劃滿滿的抽屜，用來擺放相關料理用具。

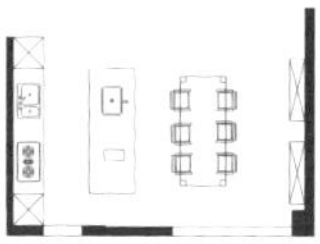

圖片提供：北鷗室內設計

夢想電器納入圖面規劃，機能完美融合

對廚房電器做足功課的屋主，依照夫妻兩人習慣，從洗碗機、水龍頭、排油煙機、爐連烤皆從國外訂購，在談圖初期便與設計師討論各種裝設細節，並於工程期末才做廚房裝修工程。為了容納所有電器產品，將冰箱移至餐廳側，靠牆轉角則規劃杯盤收納櫃與小型電器平台，讓餐、廚機能完美融合、覆蓋，做出最具使用效率的彈性規劃。

廚房形式：一字型廚房＋中島

使用者需求：夫妻皆下廚；開放餐廚區需呼應、融入公共場域，更要準確預留空間、插座以迎接來自海外的電器嬌客。

設備／中島不靠牆，呼應客、餐廳、書房空間做環繞式動線設計，日常走動更具彈性與自由。

設備／所有廚房電器包括洗碗機、排油煙機、爐連烤、水龍頭等設備，都是男主人從海外訂購，需在談圖初期便與設計師討論裝設細節，同時預留足夠運送時間。

材質／中島內藏微波爐與水波爐，事先了解設備型號，設定較寬的65公分深度平台。

圖片提供：澄橙設計有限公司

廚房成為居家核心，料理、情感交流兩全其美

因屋主很重視餐廚生活，設計師將廚房移至居家中心，開窗並突出加上吧檯與公共空間有所互動。L型料理檯爐火與水槽各占一邊，兩條動線成為料理金三角，而牆面鋪上洞洞板，方便吊掛料理道具，與白色洞洞版相對，櫥櫃門片則施以黑色相互呼應。

廚房形式：L型

使用者需求：希望料理的同時能和家人維繫情感，讓各場域都有所交流。

收納／在不大的廚房尺寸中，料理檯下方以移動式拖拉板收納電器，並善用壁面空間施以洞洞板吊掛料理道具與馬克杯。

材質／檯面與門片使用美耐板，收邊使用實木線板。

尺寸／L型料理檯爐火側長202公分，水槽側為173公分，走道寬度則留有144公分方便操作。

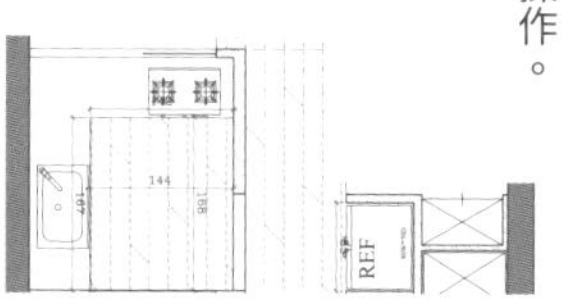

圖片提供：三倆三設計事務所

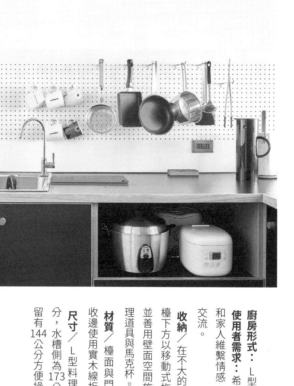

機能桌面拓寬廚房空間感

30坪的中古屋，是小家庭與五隻貓的共同生活場域，設計師依循女主人的料理習慣，改變廚房面向，讓使用者可面對廳區，形成更密切的情感互動，並透過彈性通透的多功能隔間設定，讓廳區窗光可過渡至廚房，而原先位於廚房旁的狹隘走道，也經由桌面彈性規劃，使空間得以被拓寬，享有更具餘裕的動線。

廚房形式：一字型＋吧檯

使用者需求：希望可突破傳統廚房背對客人作菜的形式，並期望可享有明亮、寬闊的料理環境。

設備／吧檯上方天花做出圓弧挑高，並安置空調出風口，讓冷氣可越過大樑阻擋、與廚房達成空調循環，形成較好的冷房效果。

材質／牆面加入灰綠色營造北歐底蘊，吧檯部分，則加入白色烤漆木皮搭配美式壁板線條，彰顯清爽質感。

尺寸／讓餐桌呈彈性設計，拉出時，可變為輕食用餐檯面，平時則可與吧檯收整合一，解決走道動線壅擠的問題。

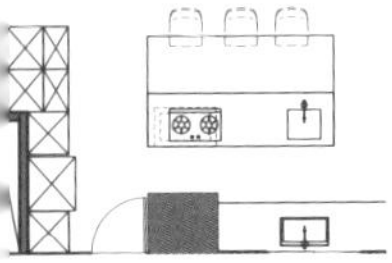

圖片提供：iA Design 荃巨設計工程有限公司

資深主婦的美式烘培、烹飪基地

美式風格的大餐廳利用玻璃格門劃分內外，阻隔烹調一日三餐與烘培時所產生的油煙。L型廚櫃擁有超大收納量，抽屜、門片櫃中搭配量身訂做的道具盤與分格盤，妥善放置各式烹飪烘培器材。集中冰箱、烤箱、炊飯器於一處，同時選用漏斗式排油煙機集中油煙並排出。可延長至220公分的大餐桌則取代中島，兼具工作檯面與吃飯宴客雙機能。

廚房形式： L型

使用者需求： 資深主婦媽媽除了料理一日三餐，喜愛烘培的她常邀請好友來家製作、品嚐各式甜點與餅乾。

設備／毛玻璃材質的上吊櫃下方皆設計內嵌LED燈，打造零死角的廚下照明，提升廚房使用安全係數。

材質／選擇灰色陶烤門片打造復古美式風格，耐髒、好清潔特性，令日後維護更加方便。

尺寸／平時全長為180公分的大餐桌可供一家四口用餐或充當烹飪平台使用，必要時可延長至220公分。

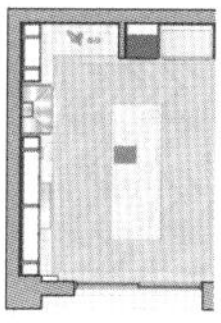

圖片提供：新澄設計

280公分大中島，創造互動與隨性生活、工作場景

期盼能隨時與孩子、家人互動，於是原始封閉的一字型廚房轉為開放空間，並將電器櫃配置於一字型廚具的同一動線上，讓料理動線更為流暢，一方面擴增長度達280公分的中島檯，兼具收納與工作桌、早餐吧的功能，水槽一併規劃於此，需要長時間切洗的備料能面對廳區，也能隨時留意孩子的動向。廚房地磚則自玄關延伸至內，米白細長條的手工磚，不止具止滑效果，搭配灰白簡約的吊燈、材質選用，勾勒現代北歐氛圍。

廚房形式：一字型+中島

使用者需求：希望廚房可以結合公共廳區，保有與家人孩子的互動。

收納／將原有冰箱位置稍微往外側挪移，產生20公分寬的深度，創造出三組小側拉的收納機能。

材質／中島檯的外側立面延伸使用矽鋼石，好擦拭清潔，不用擔心踢黑變髒。

尺寸／中島檯長度約280公分，可兼做屋主使用電腦的工作平台，也是早餐吧的功能，深度約90公分，內側擁有60公分深的抽屜收納。

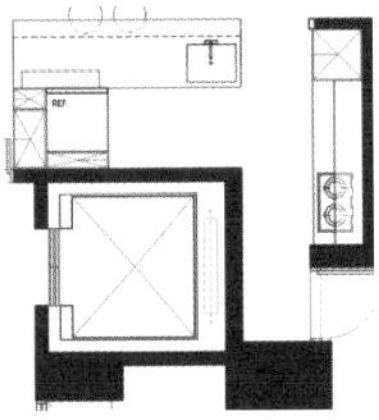

圖片提供：FUGE 馥閣

整合動線，完善廚房多重機能

設計師為了將廚房烹調區、中島+餐桌、電器櫃及香料櫃同時容納在空間之中，在一個方正的格局中，安排了一個ㄇ字型廚具，配有瓦斯爐、流理台及洗手台；而中間為中島，其配有電磁爐、洗手台；至於電器櫃與香料櫃則分別在左側與對側，如此配置，為的是要讓動線在拿取相關食物、調味料後，最後都能回到中間區進行料理，簡易餐點可在中島完成，非簡易者可在廚房專心烹煮，順著動線安排，發揮廚房多重效益。

廚房形式：ㄇ字型+中島

使用者需求：每天需準備家人的早、晚餐，渴望有套完善廚房設計搭配順暢動。

設備／除常見的烤箱、微波爐等電器，屋主還需擺放3台冰箱，特別規劃整面的電器櫃用來擺放相關電器，一目了然也提升使用的方便性。

材質／廚具與中島的檯面均為賽麗石，具備耐刮、耐磨、耐熱、好清潔等特性。

尺寸／廚房環境較寬裕，故安排稍大尺寸的中島吧檯，寬約100公分、長約180公分，也並借用中島下方來配置收納櫃，可作為餐具用品的擺放處。

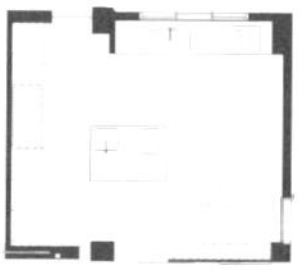

圖片提供：兩冊空間設計

二字型廚房，滿是專業收納

老屋改造的居家，為了不更動管線，廚房維持在原位。二字型設計的規劃一邊是料理區、另一邊則為收納與電器櫃，並在吊櫃與櫥櫃之間加裝層板放置乾貨；而為了保持走道工作順暢，規劃走道寬度時，檯面之間的距離則介於90～120公分之間，地面鋪上花磚為全白櫥櫃增添空間活力。

廚房形式：二字型

使用者需求：希望有完整的收納並擺放得下家中原本的兩台冰箱。

收納／二字型廚房兩邊都有吊櫃，與下方櫥櫃具有強大的收納功能，而後方的儲物區在吊櫃與櫥櫃之間還另外加裝層板，方便收納常使用的調味用品。

材質／料理檯面為人造石，並使用白色鋼烤櫥櫃，地坪則以花磚增添空間色彩。

尺寸／二字型廚房一邊為料理檯一邊則為儲物空間，一字型料理檯長346公分，下方高85公分方便料理，而下櫃與上方吊櫃距離70公分，手伸長則能輕鬆拿取裡面物品。

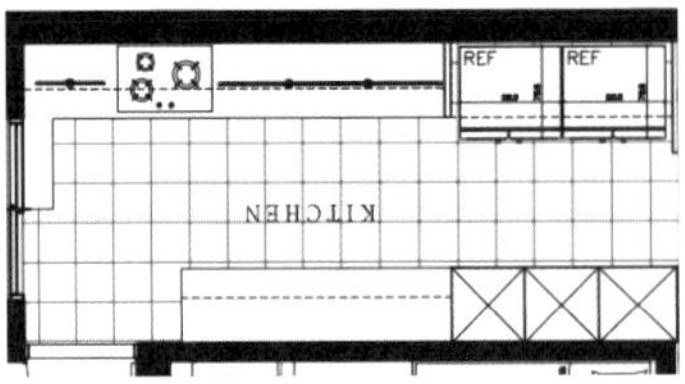

圖片提供：伍乘研造設計公司

五臟俱全的全方位男子廚房

室內坪數有限，為了滿足男主人常下廚與上網分享美食需求，利用一字型廚房搭配迷你中島結合餐桌方式，打造機能便給的餐廚空間，同時以石材與木皮材質模糊與其他空間界線，巧妙融合整體視覺。半隱式抽油煙機藏於廚具當中，搭配烤玻與冰箱，打造全白廚具立面；烤箱、電磁爐則內嵌中島，與餐桌連成一線，延伸出更多備餐、料理檯面。

廚房形式：一字型廚房＋中島吧檯

使用者需求：熱愛烹飪的男主人，喜歡上網分享美食，需要足夠的料理空間與設備。

收納／結合小中島與餐桌於一處，犧牲原本的雙開口動線，爭取更多電器放置、收納空間與烹飪備餐平台。

材質／從內嵌冰箱、櫥櫃、人造石流理臺與烤玻皆設定為純白色，與地板、立面的黑相對比，打造出明亮無壓的料理空間。

材質／大理石中島、木皮餐桌是連結客廳與廚房交界，利用仿傢具材質融入整體設計風格，統一全室調性。

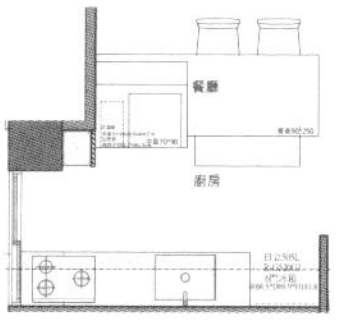

圖片提供：工一設計

由內向外延展，加大廚房空間感與明亮度

為了想讓廚房機能更完善，在原廚房區配置一字型廚具外，並從廚具側邊做延展，另砌了一座中島吧檯，同時再順勢連結餐桌，讓彼此能有意義的串聯，也拉大整體間感與明亮度。此外，也順應格局在廚具對側配置整合電器的櫃體，讓女主人料理時能更感舒適與貼心。中島內的洗手槽搭配可轉動式的水龍頭，無論站在哪一邊都能自在地清潔、洗滌。

廚房形式：一字型+中島吧檯

使用者需求：經常下廚料理，希望使用機能更完善與強大。

收納／流理台上方的收納，納入自動升降設計，輕輕一壓便降下，取用上方便，更不會有上櫃不利於使用的問題。

材質／在挑選廚具時選時日系品牌為主，其面板耐污、好清理，既不怕對抗惱人的油污，也加深主婦使用的便利性。

設備／自一字型廚具側邊延伸出中島吧檯，下方滿滿都是收納，上頭也能擺放餐具用品，徹底提升實用性能。

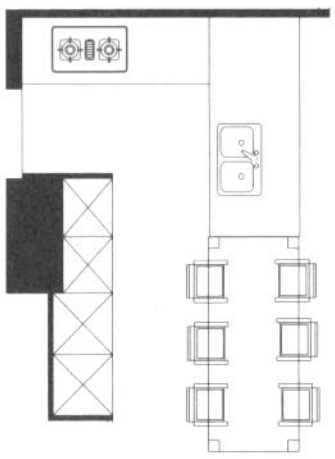

圖片提供：北鷗室內設計

調整格局與窗面，建構綠意廚房

老屋翻新後，空間內保有原始樑柱痕跡，並將常見於室外的建材引入室內，不僅模糊了內外場域的既定印象，亦產生復古的趣味視野。餐廚區域，則將空間內退，並打除隔間隔閡，在有限坪數內規畫L型廚房，除了滿足一切實用機能，也透過窗面引導採光及綠色景觀。

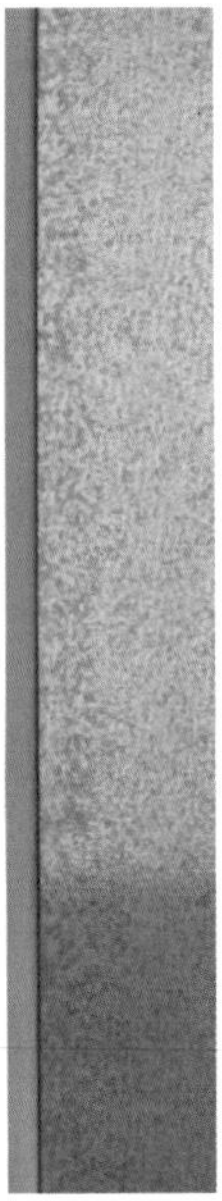

廚房形式：L型

使用者需求：破除封閉的格局視野，並希望在使用廚房時，可同步享受採光及景觀。

設備／平時作為餐桌使用的桌子，實則暗藏彈性伸縮的設計，必要時可延展拉長桌面、變為輕食吧檯，讓餐桌可複合使用。

材質／廚房牆面抹上綠色馬萊漆，呼應馬賽克磚牆色調，配上深咖啡色木紋櫃、不鏽鋼中島檯面等，迸發復古異材的拼接趣味。

尺寸／將原本的廚房空間內縮，室內坪數雖減少，卻獲得戶外陽台景觀，並保有適度的開窗面積，讓人邊做菜邊欣賞綠意景致。

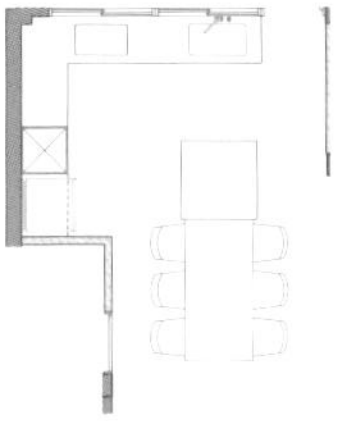

圖片提供：諾禾空間設計有限公司

13坪小宅也有全配廚房

僅有13坪的居住空間，設計師將廚房放置客廳後方使其極大化，屋主因為常料理希望用具拿取能順手，因此於料理檯上方設置層架放置常用的碗盤與調味料，並且不施以門片令視覺感通透，而下方門片收納則可擺放大型鍋具。壁面別出心裁選用毛玻璃增添層次感也好清理。

廚房形式：L型

使用者需求：因為屋主每天料理，雖然居家空間小，但希望有好下廚的空間。

收納／雖然空間不大，但收納卻做的充足，料理檯上方吊架放置常用的調味料與碗盤，下方則放置較大的鍋具，旁邊則設置三列櫥櫃，一列做為電器櫃，其他則可做雜物收納。

材質／料理檯面選用人造石，而壁面選用毛玻璃增添層次感也好清理。

尺寸／三層電器櫃寬60公分，並使用活動層板能隨意調整內部高度，料理檯上方吊架寬130公分並且不施以門片令視覺感通透。

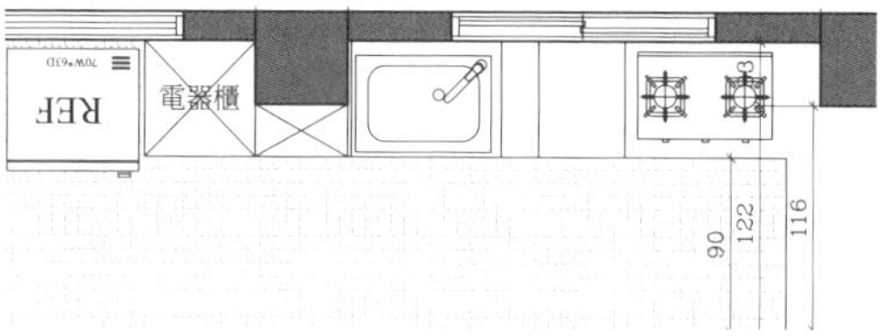

圖片提供：三倆三設計事務所

狹長老屋打開格局營造開放感受

三層透天老屋，陪伴屋主三十年，在其長大成家後希望能延續老屋的生命繼續陪伴新的成員。因為老屋的狹長設計，設計師將廚房打開，一字型料理檯運用黑色人造石與壁面上的白色瓷磚對比色展現時尚，而櫥櫃則貼以木皮門片與中島餐桌互相呼應，中島餐桌旁另設有水槽方便客廳使用。

廚房形式： 一字型＋中島

使用者需求： 狹長的老屋希望能設計開放式廚房放大居家空間，並讓料理時不孤單。

設備／事先預留冰箱與烤箱的空間，讓空間坪效達到最佳利用。

材質／料理檯面使用黑色人造石，而壁面上則為白色瓷磚，櫥櫃貼以木皮門片與中島餐桌互相呼應並彰顯活潑。

尺寸／一字型料理檯220公分，並區分四列抽屜與門片收納方便分類廚房用具，而料理檯上方層板高度為143公分，能輕鬆拿取。

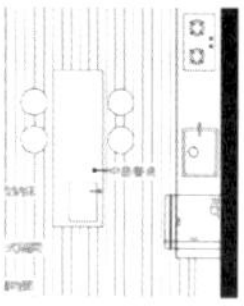

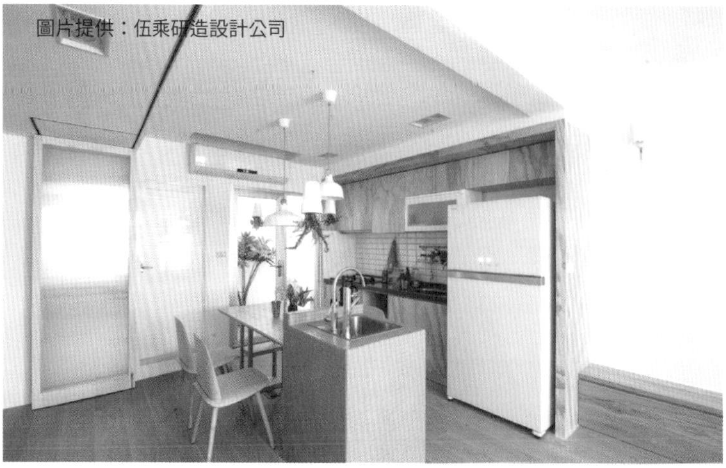

圖片提供：伍乘研造設計公司

加大收納與平台，年長夫妻的養生廚房

為了年長夫妻重新打造的廚區，利用電視牆與儲藏室厚度，增設轉角開放式電器收納櫃；中島區則僅保留一側動線開口，爭取更多使用檯面與收納空間，方便女主人將滾燙菜餚湯品先放置於此處，再從餐桌側一一端上桌。半隱式抽油煙機搭配內嵌三口爐，滿足吸力與美觀需求，依照女主人烹調習慣設置烤箱、蒸爐、洗碗機等電器用品。

廚房形式： L型+工作中島備餐檯

使用者需求： 孩子都大了，老夫妻重整舊家，過起餐餐在家煮的悠閒養生時光。

設備／中島吧檯區可作備餐台使用，方便屋主放置剛起鍋的高溫菜餚、湯品，再到餐桌側作轉移動作，降低端菜的時間與風險。

收納／拆開水槽與爐臺，爭取出足夠空間納入電器櫃、冰箱，而增設的中島區除了容納水槽外，更加大了工作平台與下方收納空間。

尺寸／利用暗取手開闔門片、抽屜設計，除了視覺簡潔，更可避免走動時碰撞受傷。

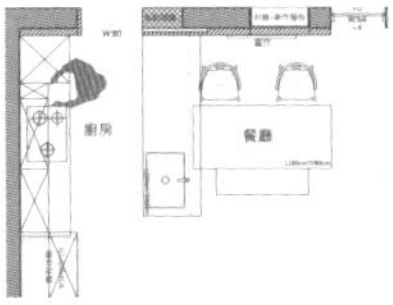

圖片提供：工一設計

備料到上菜皆順手的廚房設計

屋主很享受家人一起用餐的時光，但礙於坪數關係，便選擇將廚房、餐廳整合在一起。一字型廚具設備對側，即同樣是以一字型構成的中島與餐桌，讓女主人無論在烹調中、西式料理或是烘培點心時，從備料到送上菜餚皆順手之餘，一家人也能圍坐在此透過食物相互交流。

廚房形式：一字型+中島

使用者需求：會製作簡單的中、西式料理，偶爾也會親手嘗試不同的烘培點心。

設備／礙於坪數有限下，屋主沒有過多的大型設備，部分像是冰箱、電器配置於右邊電器櫃，另尺寸較大的為洗碗機則配置在流理台檯面下方處。

材質／檯面材質為不鏽鋼，適合讓女主人直接在上面做烘培料理，既不怕熱也很堪用，缺點是不好保養、容易有刮痕。

尺寸／屋主電器多為桌上型，但設計者仍將電器櫃體的深度規劃為60公分，主要在於，這樣的深度尺寸，較能容納廚房的相關電器。

圖片提供：兩冊空間設計

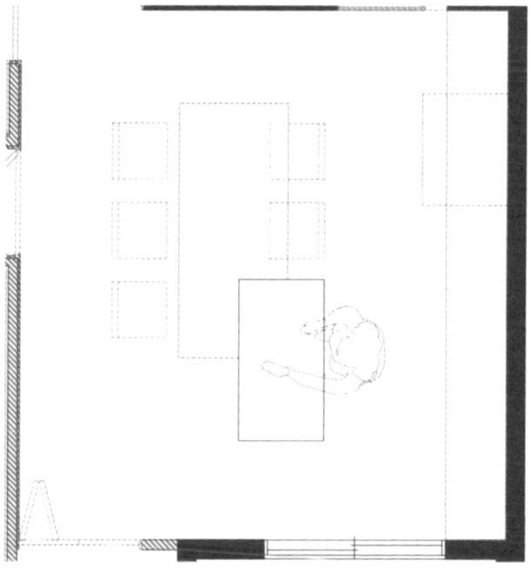

開放廚房的黃金三角好動線

身為園區工程師的夫妻，重視新居的廚房規劃，選擇將廚房與餐桌開放串連，形塑居家的情感核心地帶，並於天花上方垂掛一座鐵件層架，強化收納也增添展示功能，廚房旁的牆面也另外打造一大面黑板牆、勾勒世界地圖，以照片標示出到訪過的國度，紀錄旅行時的美麗足跡與回憶。

廚房形式：U字型廚房＋吧檯

使用者需求：擁有開放式的餐廚空間，使一家人可隨時交流，並將旅行記憶妝點於其中。

收納／天花加裝懸吊式層架，成為酒類的收藏展示櫃，鐵件網格除了具一目了然的透視感，更增加便於拿取的實用性。

材質／加入大面積白色玻璃烤漆，賦予清爽簡約的氛圍，廚具設備底部以不鏽鋼踢腳板封底，讓灰塵雜物更好清理。

設備／透過U字型的廚房格局，讓爐具、水槽及冰箱位於廚房內的黃金三角，確保一切機能都能隨手可得的方便情境。

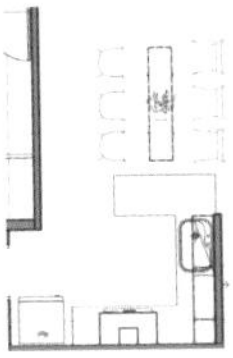

圖片提供：一水一木設計工作室

人性化機能的安全好廚房

五層樓的透天厝，整體採用沉穩色調、俐落線條搭配，並善用採光優勢，打造舒適明亮的餐廚場域。男女主人格外著重孩童的成長發展，除了講究美感與機能之外，也強調安全性的細節規畫，餐廳與廚房之間使用門片加以界定，形成彈性互動情境，並在清爽簡約之中，適時帶入畫作妝點，打造充滿童趣感的餐廚氣氛。

廚房形式：U字型廚房+吧檯

使用者需求：希望餐廚之間可保有聯繫，兼具好的採光及通風，必要時須阻絕油煙。

收納／廚櫃、電器等採用無把手設計，並將櫃體把手打斜，不只開啟時便於施力，也成為避免孩童碰撞、受傷的安全性設計。

材質／在餐廳與廚房之間規劃灰玻拉門，關上時可阻絕油煙散逸，並保有光線的流動，門片展開時，則串起兩個場域的交流。

設備／冰箱選用超薄壁面設計，讓冷藏容量更大，並裝設庫外隱藏式玻璃觸控面板，締造人性化的便利使用情境。

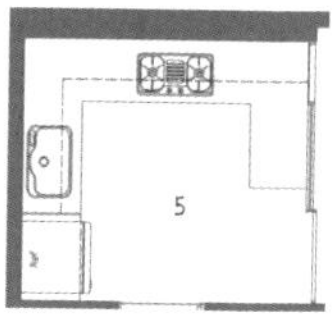

圖片提供：一水一木設計工作室

提供品酒與社交的景觀廚房

以歐洲酒莊為發想所打造的度假民宿。廚房旁規劃沙發與餐桌椅，透過圓拱門語彙界定使用區塊，但保有開放的互動聯繫，而吧檯的實木桌體，則呈現一種天然的壯闊氣勢，從室內延伸至室外，佐以垂懸而下的工業感極簡吊燈，形成絕佳的品酒區域。

廚房形式：一字型＋吧檯

使用者需求：業主交友廣闊，喜愛旅遊及品酒，於是催生了此間民宿，期待廚房亦可兼具社交、品酒、賞景等主題。

收納／除了延著牆線規劃整排櫃體，也在吧檯底部置入抽屜及櫃體，挹注更多的收納機能空間。

材質／採用原木製成的紮實餐桌，保留不加修飾的木頭造型，並在吧檯搭以水泥粉光修飾，透過樸質建材與自然景致相呼應。

尺寸／將餐桌加長並延伸至屋外，透明玻璃門也刻意挖空，將室內與大自然相串聯，使用餐桌吧檯時，也可同步欣賞美好景色。

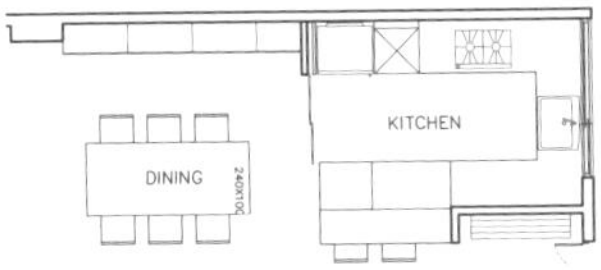

圖片提供：iA Design 荃巨設計工程有限公司

延續家族工廠，原汁原味LOFT風格廚房

原為家族工廠的起點，現在則為四代同堂的居所，一樓規劃成開放式客餐廳空間與爺爺的臥房。好客的主人常常邀請朋友到家中做客，因此設計有如酒吧般的廚房方便小酌。一字型的料理檯延伸空間LOFT風格，水泥檯面、不鏽鋼門片與不鏽鋼中島餐桌及水泥吧檯相呼應，並且從裡到外呈現原汁原味工業個性。

廚房形式：一字型+中島餐桌+吧檯

使用者需求：好客的主人常常邀請親朋好友到家裡聚會，希望打造有如酒吧的廚房空間。

收納／料理檯上方吊櫃與下方門片櫥櫃滿足收納，並且運用樑柱於兩面價上鐵架作為紅酒收納，別具創意。

材質／料理檯水泥檯面、不鏽鋼門片與不鏽鋼中島餐桌及水泥吧檯相呼應，並展現原汁原味工業風格。

尺寸／一字型料理檯長為340公分，高度85公分能輕鬆烹飪，上櫃與下櫃則為70方便伸手拿取。

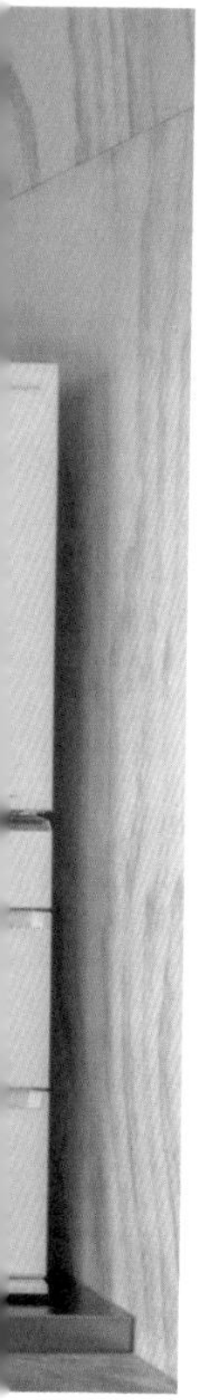

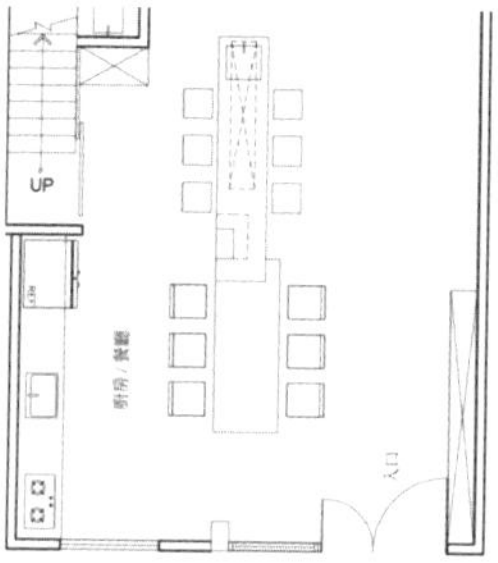

圖片提供：伍乘研造設計

迷你純白鄉村風廚房，用拉門隔絕油煙

1.2坪的迷你廚房，除了原有一字型機能區外，將後方與客浴相鄰牆面往後推約40公分，瞬間多出一方上可收納杯子的吊架層板、下可塞小電器、中間還能充當備餐檯的超好用複合機能空間。抽油煙機藏入櫃體作半隱藏式設計，媽媽的好朋友—洗碗機則設置於下方櫃體，選擇相近色系面板，用心於細節處，令整體空間風格更加統一。

廚房形式：拉門一字型廚房＋備餐檯

使用者需求：喜歡收集杯子的主婦媽媽，除了一家三口的基礎料理空間，更希望能將蒐藏妥善安置。

收納／將與客浴相鄰壁面後推約40公分，擴增出電器矮櫃與杯碗收納層板。

材質／選用仿木棧板的系統板材，搭配白色人造石、黑色五金把手，創造出獨特簡約的鄉村風廚房。

尺寸／衡量男、女主人身高後，將廚房檯面設定為90公分、符合兩人都能使用的中間值。

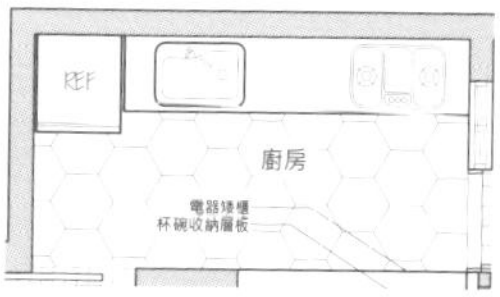

圖片提供：澄橙設計有限公司

簡化設備與櫃體，打造美形收納廚房

空間為知名部落客的居家，原為格局不良的老屋，經由改造後，加入簡約色彩及線條美化，化身成為精緻時髦的現代風宅邸。餐廳與廚房之間，則呈現開放式格局，採用白色仿石材美耐板鋪陳壁面，搭配深黑色霧面烤漆廚具，讓廚房呈現沉穩的深色調，打造俐落時尚的料理情境。

廚房形式：U字型廚房

使用者需求：在廚房加入屋主喜愛的大理石元素，並維持清爽簡約的使用情境。

收納／打造開放展示櫃，將杯碗瓢盤化為裝飾品，並在牆面鑲嵌層板，便於料理時的調味料取用。

材質／吧檯表面鋪陳黑色賽麗石，並選用深色木紋包覆櫃身，透過深色系與白色牆面形成對比，構成簡練俐落的視覺感。

尺寸／將廚具設備安置在廚房旁的畸零區塊，抽油煙機也選用簡約的T字形，隱於牆角柱旁邊，維持整個公領域的清爽觀感。

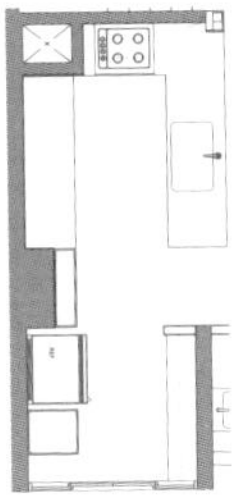

圖片提供：諾禾空間設計有限公司

專業廠商

弘第 HOME DELUXE
台北市長春路 451 號
02-2546-3000

台灣櫻花
0800-021-818

和成 HCG
0800-823-823

雅登廚飾國際有限公司
台北市北投區立德路 157 號
02-2894-6006

德廚
台北市大安區復興南路一段 205 號 1 樓
02-2752-6152

IKEA

412-8869

森 /CASA

台北市內湖區行善路 397-1 號

0-2-2791-1658

登美廚具

新北市板橋區信義路 163 巷 2 號 8 樓

02-2952-5678

林內

0800-093-789

博世家電

0800-368-888

Pro

fessional

設計達人

水相設計
台北市大安區仁愛路三段 24 巷 1 弄 7 號
02-2700-5007

彗星設計
桃園市中壢區義民路二段 91 號
03-495-2655

實適空間設計
台北市松山區光復南路 22 巷 44 號
sinsp.design@gmail.com

FUGE 馥閣
台北市大安區仁愛路三段 26-3 號 7 樓
02-2325-5019

木介空間設計工作室
台南市安平區文平路 479 號 2 樓
06 298 8376

十一日晴設計
台北市文山區木新路二段 161 巷 24 弄 6 號
http://www.thenovdesign.com/

均漢設計
台北市中山區農安街 77 巷 1 弄 44 號 1 樓
02-2599-1377

工一設計
台北市中山區北安路 458 巷 47 弄 17 號 1 樓
02-8509-1036

澄橙設計
台北市中山區北安路 578 巷 6 號
02-2659-6906

新澄設計
台中市龍井區藝術南街 42 號 1 樓
04-2652 7900

Design

設計達人

北鷗設計
新北市中和區圓通路 367 巷 33 弄 136 號 3 樓
02-2245-7808

懷特設計
台北市中山區長安東路二段 77 號 2 樓
02-2749-1755

兩册空間設計
台北市大安區忠孝東路三段 248 巷 13 弄 7 號四 樓
02-2740-9901

一水一木設計工作室
新竹縣竹北市復興三路二段 68 號
03-550-0122

諾禾設計
台北市大安區信義路四段 30 巷 7 弄 1 號
02-2755-5585

iADesign 荃巨設計工程有限公司
台北市信義區光復南路 431 號
02-2758-1858

伍乘研造

03-427-0426

知域設計

台北市大同區雙連街 53 巷 27 號

02-2552-0208

三倆三設計事務所

台北市忠孝東路四段 553 巷 16 弄 7 號 3F

02-2766-5323

寓子設計

台北市士林區磺溪街 55 巷 1 號

02-2834 9717

明代設計

台北市松山區光復南路 32 巷 21 號 1 樓

02-25788730、03-4262563

www.ming-day.com.tw

Design

圖解完全通21

廚房規劃終極聖經

從基礎格局、材質設備選配，到進階依據料理方式解析全方位廚房設計

作者 | 漂亮家居編輯部
責任編輯 | 許嘉芬
採訪編輯 | 張景威、鄭雅分、許嘉芬、黃婉貞、余佩樺、李亞陵、蔡竺玲
封面設計 | 謝小捲
版型&內頁設計 | 莊佳芳
插畫 | 黃雅方
行銷企劃 | 林尚瑩

發行人 | 何飛鵬
總經理 | 李淑霞
社長 | 林孟葦
總編輯 | 張麗寶
副總編 | 楊宜倩
叢書主編 | 許嘉芬

國家圖書館出版品預行編目(CIP)資料

廚房規劃終極聖經：從基礎格局、材質設備選配，到進階依據料理方式解析全方位廚房設計 / 漂亮家居編輯部作. -- 初版. -- 臺北市：麥浩斯出版：家庭傳媒城邦分公司發行, 2018.10

面； 公分. -- (圖解完全通；21)

ISBN 978-986-408-427-2(平裝)

1.家庭佈置 2.空間設計 3.廚房

422.51 107016992

出版 | 城邦文化事業股份有限公司麥浩斯出版
地址 | 104台北市中山區民生東路二段141號8樓
電話 | 02-2500-7578
E-mail | cs@myhomelife.com.tw
發行 | 英屬蓋曼群島商家庭傳媒股份有限公司城邦分公司
地址 | 104台北市民生東路二段141號2樓
讀者服務專線 | 0800-020-299
讀者服務傳真 | 02-2517-0999
E-mail | service@cite.com.tw
劃撥帳號 | 1983-3516
劃撥戶名 | 英屬蓋曼群島商家庭傳媒股份有限公司城邦分公司
香港發行 | 城邦(香港)出版集團有限公司
地址 | 香港灣仔駱克道193號東超商業中心1樓
電話 | 852-2508-6231
傳真 | 852-2578-9337
馬新發行 | 城邦(馬新)出版集團 Cite (M) Sdn Bhd
地址 | 41, Jalan Radin Anum, Bandar Baru Sri Petaling, 57000 Kuala Lumpur, Malaysia.
電話 | 603-9057-8822
傳真 | 603-9057-6622
總經銷 | 聯合發行股份有限公司
電話 | 02-2917-8022
傳真 | 02-2915-6275
製版印刷 | 凱林彩印股份有限公司
版次 | 2018 年10月初版 1 刷
2021 年 9 月初版 2 刷
定價 | 新台幣399元整
Printed in Taiwan